JN017491

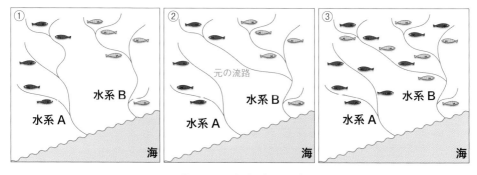

口絵 1　河川争奪（模式図）

もともと図 ① のように，水系 A と B が独立し，生息する生物にも形質の分化（遺伝的分化）がみら
れていた状態から，山岳形成などの地形の変化に伴い，図 ② のような流路の切り換わりが生じること
を河川争奪という．河川争奪の結果として，図 ③ のように，水系 A を特徴づける形質が水系 B に入
り込むこととなる．実際には，図 ③ のような状況を理解しようとする過程において，過去に河川争奪
が生じた可能性が判明することも多い．→図 1.3

洪水前

洪水後

口絵 2　洪水により落橋した千曲川橋梁（長野県上田市）

洪水前に千曲川橋梁付近の左岸側（図では右側）に形成されていた砂州が洪水
後になくなり，落橋している．国土交通省北陸地方整備局提供．→図 3.10

口絵3　流程により大きく異なる河川環境
（a）飛沫帯（湿岩の水しぶきがかかる環境），（b）源流域，（c）山地渓流，（d）山間部を流れる中流域，（e）平野部を流れる中流域，（f）河口直前の下流域．→図 4.2

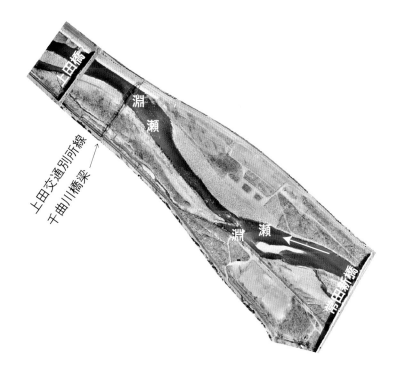

口絵 4　常田地区の概要
土木研究所提供.　→図 12.3

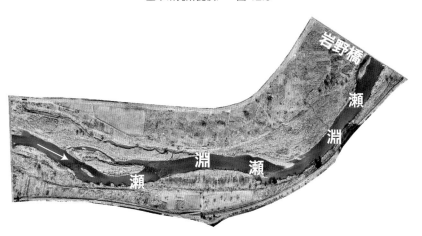

口絵 5　岩野地区の概要
土木研究所提供.　→図 12.4

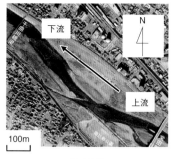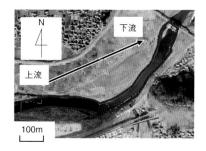

常田地区 岩野地区

口絵 6　常田地区と岩野地区の現地観測範囲
図中の矢印は流れの方向を意味する．写真中の赤枠は枠現地観測を行った範囲．国土交通省北陸地方整備局提供の写真に加筆．→図 13.1

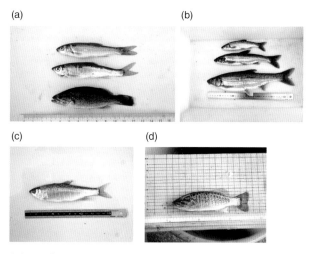

(a) (b) (c) (d)

口絵 7　(a) ウグイ・オイカワ・コクチバス 3 尾　(b) 赤魚で知られるウグイ
(c) オイカワ単体　(d) コクチバス単体
→ 13.6 節

口絵 8　巣内の雛に直翅（バッタ）目の昆虫を与えるオオヨシキリ
→図 13.26

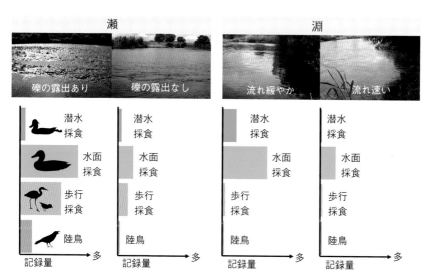

口絵9　自動撮影カメラ調査による瀬と淵での鳥類の記録状況
→図 13.28

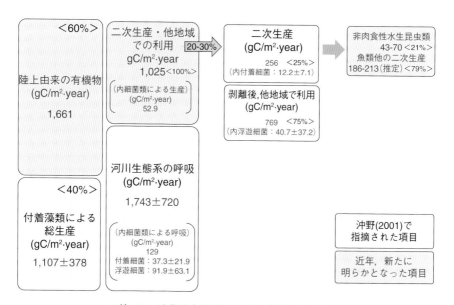

口絵10　千曲川中流域における炭素の物質収支
→図 13.29

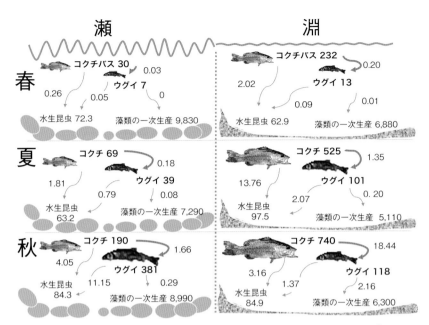

口絵 11　瀬・淵における魚類を中心とした生物生産力（単位：mgC/m²·day）
オレンジ色の矢印はコクチバスがウグイを捕食する量を示している．→図 13.30

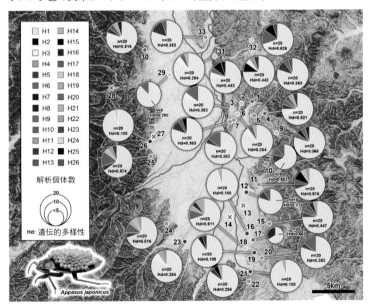

口絵 12　信濃（千曲）川水系の上流部である松本盆地内の池沼におけるコオイムシの集団遺伝構造解析の結果
昆虫の DNA バーコード領域であるミトコンドリア DNA の COI 領域の解析を実施したところ，26 タイプの遺伝子型（H1〜26）が検出された．×印は未採取地点を示す．各地点の円グラフ内の n は解析個体数，Hd は遺伝的多様性（ハプロタイプ多様度）を示している（Tomita et al., 2020 を改変）．→図 14.3

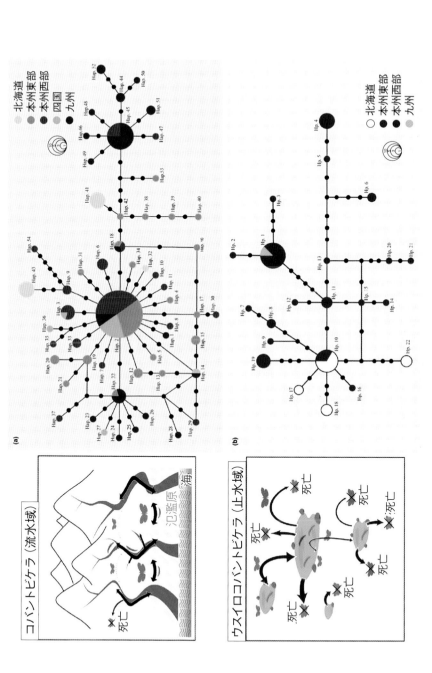

口絵13　山岳渓流（流水）の淵に生息するコバントビケラと自然の湖池沼（止水）に生息するウスイロコバントビ
ケラの日本列島広域を対象とした遺伝構造
両種の遺伝構造をハプロタイプネットワークとして示す（Takenaka et al., 2021 を改変）．→図14.4

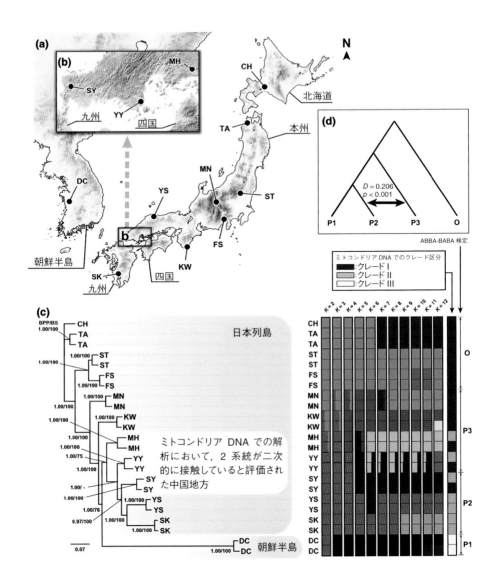

口絵 14　GRAS-Di 解析（ゲノム広域からの SNPs 解析）によるコオイムシの地域集団レベルでの系統関係

日本列島と大陸（朝鮮半島）のコオイムシを対象に（a）（b）の図で示す地点のサンプルを解析した結果，（c）の系統樹が得られた．日本列島の系統のなかから朝鮮半島の系統が分化したことが支持された．ミトコンドリア DNA での系統解析では，日本列島内に 2 系統が検出され，そのうちの九州・山陰地方の系統が朝鮮半島系統に近縁であることが示されていたが，この傾向は GRAS-Di 解析においても支持された．（c）の右側はアドミクスチャー解析の結果を示しており，ミトコンドリア DNA 解析の結果を支持しつつ，より詳細な遺伝構造を示し，（d）に示すような 4 つの遺伝系統の分化パターンが支持された．BPP/BS は，各分岐点の精度を示す値で，BPP（事後確率）と BS（ブートストラップ値）を併記している（Suzuki et al., 2021 を改変）．→図 14.5

An Introduction to River Ecology

河川生態学入門

基礎から生物生産まで

平林公男・東城幸治

［編］

共立出版

執筆者一覧（所属，執筆箇所）

平林公男　信州大学繊維学部応用生物学系（第 9, 11 章，13.5, 13.8
　　　　　節，コラム 4.1, 5.1）

東城幸治　信州大学理学部生物学コース（第 1, 14 章，コラム 8.1,
　　　　　8.2）

岡本聖矢　（国研）土木研究所自然共生研究センター（コラム 1.1,
　　　　　14.1）

傳田正利　（国研）土木研究所水災害研究グループ（第 2, 10, 12,
　　　　　15 章）

豊田政史　信州大学工学部水環境・土木工学科（第 3 章，13.1 節,
　　　　　コラム 2.1, 3.1, 10.1, 12.1）

竹中将起　信州大学理学部生物学コース（第 4 章）

宮原裕一　信州大学理学部附属湖沼高地教育研究センター諏訪臨湖
　　　　　実験所（第 5 章，13.2, 13.4 節）

谷野宏樹　自然科学研究機構基礎生物学研究所進化発生研究部門
　　　　　（第 6 章）

関根一希　立正大学地球環境科学部環境システム学科（第 7 章）

鈴木智也　広島修道大学人間環境学部人間環境学科（第 8 章）

戸田任重　元信州大学理学部物質循環学科（13.2 節）

土屋健司　（国研）国立環境研究所地域環境保全領域（13.3 節）

北野　聡　長野県環境保全研究所水・土壌環境部（13.6 節）

笠原里恵　信州大学理学部附属湖沼高地教育研究センター諏訪臨湖
　　　　　実験所（13.7 節）

Maksym Gusyev　福島大学環境放射能研究所（コラム 13.1）

カバー・本文イラスト：鈴木智也

まえがき

　本書は河川生態学の教科書である．2部構成となっており，第1部では河川生態系の基礎知識，第2部では河川中流域における生物生産について概説する．河川生態学や応用生態学・水文学を学ぶ学部生や大学院生，河川をフィールドとして研究を行う研究者や技術者，さらには釣り人や河川生物に興味がある人を対象とし，教科書として使用することを念頭に，基本用語を抽出し，国際化の時代にも対応できるように英単語を付けている．

　第1部では，日本の河川環境・河川生態系の特徴（流程に沿った河川地形の変化と生物の生息場所）などについて，基本的な事項をわかりやすく解説する．具体的には河川と地形，水文，水理について，瀬と淵の連続性から流域スケールへの視点移動の重要性，流程に沿った河川景観の移りかわり，河川の水質と現存量，生物にとっての河川生息場所の特徴や，河川生物における相互作用，流域スケールでの河川生物の集団構造や遺伝構造，河川生態系の物質循環，生態系モデルなどについて取り上げる．

　一方，これまでの河川に関する研究成果や出版物は，河川上流域や，規模の小さな河川を対象として取りまとめられたものが多かった．そこで第2部は第1部の発展編として，これまであまり取り上げられてこなかった人々が最も川と接する機会の多い「河川中流域」に焦点を絞り，筆者らの最新の研究から得た中流域の生物生産について解説する．具体的には，信濃川の上流部に位置する千曲川中流域を例として，現在の日本の河川の中流域における瀬，淵レベルの生態系の構造や生物生産速度，現在の外来生物の問題から，気候変動に対応した流域スケールの水収支（地下水と降水と表流水との関係），支川の重要性を示す遺伝構造の違いやその変化，さらには，生態系モデルを用いた過去の河川環境の再現や今後の河川の在り方の予想などを中心に取りまとめている．河川中流域の特定地域に，これだけ多くの研究者が関わった総合研究の結果は，1970

年代に行われた JIBP (Japanese Committee for the International Biological Program) 以来である.

　また,コラムを各所に入れ,河川工学の基礎用語,河川水辺の国勢調査,環境 DNA 解析,メタゲノム解析,トリチウムを用いた水収支など,河川の基礎的・応用的な内容についてもトピック的に解説するように心がけた.本書を活用して,河川の基礎から応用までを理解していただきたい.さらに身近な自然の1つである河川により興味をもっていただけることを願ってやまない.

　なお,本書第2部の内容は,国土交通省河川局から6年間研究助成を受け,河川学術研究会千曲川研究グループの研究成果として取りまとめられたものの一部でもある.国土交通省千曲川河川事務所との共同研究成果の一部でもあり,ここにお礼を申し上げる.

　最後に,本書出版のきっかけを作っていただいた共立出版営業部の中村秀光さん,本書の企画から目次構成,原稿修正,各章間の調整など,出版に至るまで始終多大なご協力とご助言を頂いた編集部の天田友理さんに心より感謝を申し上げる.本研究の成果が河川管理においても十分に活用されることを願っており,多くの方々にその内容を知っていただき,ご批判,ご意見を賜ることができるよう切に希望いたします.

2023 年 12 月

平林公男・東城幸治

目　次

コラム

第1部
河川環境・河川生態系の基礎知識

　第1部では，まず第1章で河川生態系の全般的な特性を概説し，第2〜4章で河川生態系の「場」としての特性を物理構造（地形，水文，水理）や水質などの化学的特性について概説するとともに，生物生産性の基盤となる付着藻類についても取り扱う．第5章では流域ネットワークとしての水系内における生物の生息場所の特性を再整理するとともに河川生態系を構成する生物群集についても概説する．第6章では攪乱の大きな河川生態系の特性や動的安定性について，第7章では生物種間相互作用について，第8章では河川生物の集団構造と遺伝構造について焦点を当て，つづく第9章では第2部への架け橋として河川生態系の連続性と循環について概説する．そして第1部の最終章である第10章では，これらの要素を取り入れた河川生態系モデルとしてまとめ，第2部における河川中流域の生物生産速度を中心とした研究内容の理解のための基礎を提供する．

第1章
河川生態系の特性：
生息場所と生物の多様性

　第1章では，第1部の概論として，第2〜10章を理解するうえでの基礎的事項について説明する．

1.1　河川とは

　地上に降った水はより低いところへ流れ，これらの水が集まり河川となる．地下に浸透し時を経て地上に湧出することもあれば，積雪として地上にストックされ，やがて融雪することで表流水となるなど，降水（降雪）と流下には様々な時間差が生じる．標高が低くなるにつれて，流下する水の量は徐々に大きくなり，河川同士が合流することで河川の規模は増大する．

　個別の河川それぞれには河川名がつけられ，それらの河川は**河道**に沿った線状の構造をもつ存在としてイメージされがちである．しかし，河川にくらす生物にとっては，個別の河川に限らず，隣接する河川とを行き来するような生活をしているものが多い．そして，そうした生物にとっては河川同士の合流のしかた（接続性）が重要である場合が多く，線的なネットワークが複雑に接続しあって構成される樹状ネットワークである**水系**（river system）を1つの単位として捉えることが重要である（図1.1：Rice et al., 2001; Poole, 2002; 森・中村，2013）．すなわち，川のはじまりとなるたくさんの源流から，これらが集結して川のおわりとなる河口までの一連のつながり（ネットワーク）が水系であり，この樹状構造をとる水系ネットワーク全体が河川生物にとっての重要な**生息場所**または**ハビタット**（habitat）となる．

　標高によるネットワークの階層性が明瞭であることも水系の特徴である．水系内の特定地点の河川規模を評価する際，その地点の川幅や水面幅，流量などの数値データを精確に計測することはもちろん重要であるが，**河川次数**（stream

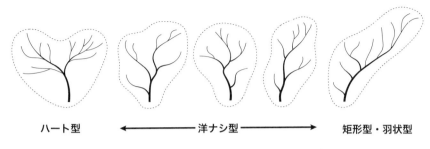

ハート型 ◄━━━━━ 洋ナシ型 ━━━━━► 矩形型・羽状型

図 1.1 樹状ネットワークとしての河川系

order; コラム 1.1 を参照）や集水域面積なども水系内における特定地点の位置づけや河川規模を評価するうえでの重要な要素となる.

　従来，河川を 1 つの「線」状構造とみなし，上流–下流間での環境の変化や生物群集構造の変化が議論されてきた．河川は，空間スケールごとに「**水系スケール＞セグメントスケール＞リーチスケール＞生息場所（ハビタット）スケール＞微生息場所（マイクロハビタット：microhabitat）スケール**」のように区分して評価されることも多く，これらのスケール区分については第 2 章を参照していただきたい．また，上流–下流間での有機物や水生動物群集の変容，生産量や群集呼吸量の変容をモデル化した**河川連続体仮説**（river continuum concept; Vannote et al., 1980）も重要な概念である（第 4 章を参照）．この概念では，流程に沿った環境の変容に基づき，エネルギーバランスや有機物供給が連続的に変容し，これらに伴い水生動物群集も連続的に変容するシステムとして説明されている（吉村，2013; Allan et al., 2021）．

1.2　水系ネットワーク構造と生物の生息場所としての河川系

　河川生物の群集構造や特定種の集団構造を理解するうえで，「河川」よりも「水系」を基本単位として評価することの重要性は先に述べた通りである．ただし，本流と支流や支流同士が接続する水系ネットワーク内を河川生物が自在に往来できることを意味しているわけではない．特に規模の大きな水系においては，源流域と河口付近の下流域の環境は大きく異なり，源流域の環境に適応し

た生物種が下流域を介して水系内の遠く離れた支流の源流部へ到達することは極めて困難である．すなわち，水系内の上流域に適応した生物種と下流域に適応した生物種間では生息場所の連続性は大きく異なり，結果として**遺伝子流動**（gene flow）の空間的スケールも異なる（Tojo, 2010）．河川生物の流程分布とそれぞれの種における集団構造・遺伝構造の関係性については，第8章で詳説しているので，こちらを参照いただきたい．

水系ネットワークと河川生物の関係性において，ネットワークの規模や形状，本流–支流の接続のしかた（配置）など，ネットワークの構造も群集構造に大きく影響する（Smith and Kraft, 2005）．水系規模が大きくなるほど，生息する生物種数は多くなる傾向があり（Rosenzweig, 1995; Allan et el., 2021），ネットワークの形状についても生物群集への影響が示唆されている（図 1.1; Benda et al., 2004; 森・中村, 2013）．Benda et al. (2004) は図 1.1 に示すようなネットワーク形状を類型化している．本流と支流，支流同士が合流するパターンにより，流程による環境の変容パターンも異なる．水系内全体を通して均質な合流が階層的に繰り返されるようなハート型の水系ネットワークでは，どの合流点においても比較的よく似た規模の河川同士が合流し，合流するごとに河川次数が増大することが特徴である．一方で，矩形型の水系ネットワークでは，本流には規模の小さな支流のみが合流するような構造であり，いくつもの支流が合流したとしても河川次数は大きくならず，支流の合流が本流の環境へ与える影響は比較的小さいと考えられる．これらは極端な事例だが，実際の水系ネットワークの形状は図 1.1 に示すように様々である．これらのネットワーク形状と河川生物の群集構造には深い関係があると考えられるが（Poff and Zimmerman, 2010），このような観点で調査・研究が実施された事例はほとんどない．

森・中村（2013）によれば，水系規模が同じであっても，接続する支流数が異なるような場合（密度が異なる場合），さらにそれらの支流内におけるネットワーク構造の密度（複雑さ，合流点数）が異なる場合では，生物の群集構造に与える影響は異なる．また，流入する支流の流入角度の重要性も示唆されている．ネットワークを構成する河川の密度が高ければ，集水域あたりの河川が占める割合が高まる．さらに，本流への支流の流入角度が大きいほど，合流点に緩流域や止水域が形成されやすく，より多様な生息場所の創出につながるとさ

れる．支流の流入角度は洪水撹乱時の土石流撹乱の停止や，撹乱時の避難地提
供の面でも影響する（Nakamura et al., 2000）．近年では，本流と支流の接続
性に着目した興味深い研究が試みられており，水生昆虫類の本流−支流間でのコ
ロナイゼーション（流下と遡上飛翔）が具体的なデータとして提示されるなど
（Uno and Power, 2015; Uno and Stillman, 2020; Uno et al., 2022; Sueyoshi
et al., 2023），河川の接続性の重要性が可視化されつつある．

1.2.1　氾濫原

　河川内に形成される**ワンド**や**たまり**（riverside pools）といった止水環境も，
河川生物の重要な生息場所となっている（図 1.2）．これらの区分については必
ずしも統一された定義によるものではないが，一般には，平水時に河道と接続
する止水域を「ワンド」，平水時には主流路から切り離された止水域が「たま
り」として扱われる（Ward et al., 1995; 萱場・島谷，1999）．いずれも**氾濫原**
（flood plain）を構成する止水環境であり，特に止水環境を好む生物の重要な
生息場所であるほか，流水域に生息する生物にとっても繁殖場所として利用さ
れることがある．また，氾濫原内の水域をつなぐように流れるクリーク（水路）
も生物の生息場所として，また移動・分散の経路としても重要であり，洪水時
には避難場所としても機能する．しかしながら，国内ではこれらの氾濫原環境
の衰退は著しく，これらの環境に適応した多くの生物種群が絶滅危惧種として
リストされている．人為による河川改修（自然環境の改変）に対し，農耕文化
が作り出した水田が長年にわたり氾濫原の代替地として機能してきたが，近年
では水田そのものの減少に加え，圃場整備により代替地としての機能も低下し
ているのが現状である．元来，氾濫原は**沖 積平野**（alluvial plain：河川の堆積
作用によって形成された平野）内に点在するように形成され，大きな洪水の度
にその場所や形状などは変化してきたはずであり，氾濫原環境に依存した河川
生物は，これらの撹乱耐性をもつものが多い（Tomita et al., 2021）．一時的に
形成された止水域を生息場所とするような水生生物は，生息場所そのものの変
化にも臨機応変に対応できるような移動・分散力の強い種群が多いとされるが，
氾濫原そのものの減少はこれらの特性をもつ生物種群にとっても厳しく，同じ

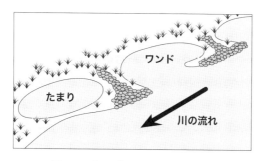

図 1.2 河川内のワンドとたまり

水系内であったとしても分布域の分断化が進むことで，それに伴う遺伝子流動スケールの縮小が深刻化している（第8章を参照）．

1.2.2 高水敷

ここまでは水系ネットワーク（接続性）を縦断方向（上流–下流方向）の視点で検討してきたが，河川の横断方向や河床よりも下部（**河床間隙**）も含めた多角的な視点でのネットワーク評価も重要である（Nakano et al., 2001; Sabo et al., 2002, 2017; Hauer et al., 2016; Allen et al., 2018）．流速の速い河道の中心部（流心）から河岸（水際）へ向かう河川の横断方向においても環境は連続的に変容し，生息する生物も異なる．また河原（陸域）も含めた河川生態系としての理解や，河道内で生産された生物を陸域の生物が捕食するような**エネルギーフロー**（energy flow）の理解も重要である．河道内のエネルギーフローは，詳述する第4章の図4.4に示すような経路で説明されるが，羽化した水生昆虫類が陸域の捕食者（クモ類や鳥類）に捕食され，さらに陸域においても階層的な捕食–被食関係（たとえば，クモ類を捕食する鳥類）が成立している．河川生態学術研究会千曲川研究グループでは，かねてからこれらのエネルギーフローに着目した研究を展開しており，千曲川における具体的な事例については，第2部を参照いただきたい．

1.2.3 河床間隙

さらに近年では，**河床間隙水**に生息する河川生物にも焦点が当てられるよう

になってきた（Boulton et al., 2010）．ボーリングによる河床間隙水のサンプリングや様々な工夫を凝らした調査研究により，想像されてきた以上に河床間隙に生息する河川生物の多様性の高さが浮き彫りとなりつつある．北海道東部の自然度の高い扇状地河川である十勝川水系・札内川で実施された研究では，夏期にマレーズトラップ（飛翔昆虫を採集するためのトラップで，飛翔方向に対して垂直にネットを張り，ネットに行手を遮られた虫が上部へ移動する性質を利用し，上部にトラップを仕掛ける）で採取される水生昆虫類（成虫）のうち，表流水の調査では幼虫が採取されない種がかなりの割合を占めることが明らかとなった．幼虫が河床間隙水内に生息しているためである．これらの河床間隙水から採取された幼虫と羽化成虫の DNA バーコーディングにより，河床間隙を主なる生息場所とする水生昆虫種の存在が可視化されるとともに，量的な試算も試みられた（根岸ほか，2020; Negishi et al., 2022）．河床間隙水内の生物多様性については，河川や季節による差異や変動も含めて今後の課題ではあるが，これまで可視化することが困難とされてきた部分にも光が当たることで，河川生態系の理解がさらに深まるものと期待される．

1.3　長期スケールでみる河川系

　本章の冒頭で，河川生物に対しては水系ネットワークを1つの単位とした評価が適切であると述べたが，生物の系統進化や水系内の集団の接続性などを考慮する際には，数万年から数十万年，ときには数百万年といった長い時間スケールで検討する必要がある．特に，**第四紀**（Quaternary：258万年前以降）の氷期–間氷期のサイクルでは，河川生物の水系内の生息適地も大きくシフトすることに加え，氷期には海水面の低下により隣接する水系同士が同一水系として接続したり，陸橋形成により島嶼（大小の島々）と大陸の接続や島嶼同士の接続などが生じていたはずであり，多数の島嶼からなる日本列島では，氷期–間氷期サイクルによる河川生物の影響は大きかったと考えられる（Tojo et al., 2017）．さらに，複数の地殻プレートの境界に位置し，火山も多い日本列島では，第四紀以降の山岳形成が盛んであり，山岳形成に伴う地形の変化は流路の変化だけでなく，隣接する水系との間での**河川争奪**（stream piracy, stream capture；

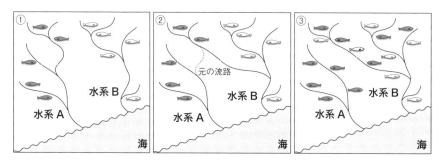

図 1.3　河川争奪（模式図）

もともと図 ① のように，水系 A と B が独立し，生息する生物にも形質の分化（遺伝的分化）がみられていた状態から，山岳形成などの地形の変化に伴い，図 ② のような流路の切り換わりが生じることを河川争奪という．河川争奪の結果として，図 ③ のように，水系 A を特徴づける形質が水系 B に入り込むこととなる．実際には，図 ③ のような状況を理解しようとする過程において，過去に河川争奪が生じた可能性が判明することも多い．→口絵 1

図 1.3）なども引き起こす．そしてこれらの現象は，生物の水系間の分散にも寄与してきた可能性が高い．

コラム 1.1

河川次数

　河川生態系の議論においてしばしば登場する「上流域」，「中流域」，「下流域」などのような河川の流域に関する相対的な表現は，たとえ河川生態学の研究者間であったとしても，それぞれがイメージする河川の規模感には個人差がある．たとえば，島国で暮らす日本人がイメージする「大河川」は，数千キロメートルもの流路をもつような大陸の大河川とは大きく異なることは容易に想像される．このような河川の相対的な位置づけや規模を統一的な基準のもとに数量化し，相対的な比較や議論を支えるために提唱されたのが**河川次数**（stream order）という概念である．小さな河川同士が合流することで徐々に規模の大きな河川となる「水系」の階層構造に着目した指標である．

　この河川次数は，Horton（1945）が考案し，Strahler（1957）により洗練されたため，Horton-Strahler と呼ばれることもある（ここでは Strahler として扱う）．後に Shreve（1966）が合流数をより厳密に考慮する方法として "Link magnitude" を提案した．河川次数については他にも様々な手法が考案されているが，本コラムでは河川生態学分野において汎用される Strahler と Shreve の手法とその特徴について紹介する．

　Strahler の手法と Shreve の手法のいずれにおいても，最上流に位置する河川を 1 次河川とするところは共通するが，その後の次数を算出する方法は大きく異なる．図 A に示した Strahler の手法では，同じ次数の河川同士が合流した場合に 1 段階次数が上がる．たとえば次数 1 の河川同士が合流した場合，合流地点より下流側の河川次数は 2 となる．2 次河川に 1 次河川が合流するような次数の異なる河川が合流する場合には，大きな次数が合流後にも維持される．すなわち，1 次河川と 2 次河川が合流した場合には合流後も 2 次河川となる．流程に応じた河川規模を評価するうえでも有用であるが，Strahler の手法では次数の小さな河川がより大きな次数の河川にどれだけ合流しても合流の影響は評価されず，同規模（同じ次数）の河川同士の合流時にのみ次数が大きくなることが特徴である．

　地域によって水系内の**河川密度**（drainage density）（河川流路延長を流域面積で除したもの）などといった流域特性が異なることがあるため，必ずしも河川規模と河川次数は相関しない可能性もある．一方，図 B に示す Shreve（1966）の手法は，全ての河川が合流する際に，それぞれの次数を足し合わせる方法である．そのため，Shreve の手法は大きな次数の河川に規模の小さな支流が合流した場合でも，その分だけ次数が大きくなる点において Strahler の手法とは異なる．一般的には，上述のような問題点は指摘されているが，Strahler の手法がよく利用されている．

　河川次数を河川規模の指標として用いる場合，基本的には河川次数は河川規模

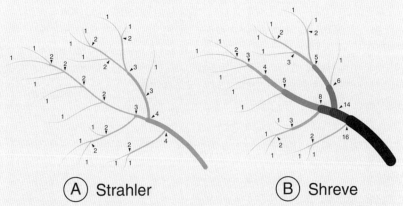

図　Strahler（1957），Shreve（1966）の手法に基づく**河川次数の模式図**
河川次数に応じて線の太さを変えてある．また河川同士の合流点と最上流の河川に河川次数を付した．

と関連することが多いものの，注意も必要である．たとえば水源そのものが湖や湧水などの場合は，川幅も流量も大きくなりやすく，河川規模は過少評価となってしまう可能性も考えられる．一方で，下流域において人為的改変によって河道幅が制限されている区間が存在するような場合は，過大評価してしまう可能性もある（Hughes et al., 2011）．また，地域の気候的条件や水文的条件によっては，一時河川や間欠河川が存在し，地図上で正しく表現されているかが不明なことや，実際の現場の感覚と一致しない可能性もある（Hughes et al., 2011）．河川規模との関連性について上述したような事例が少なからず考えられるため，必ずしも河川規模と河川次数は関連しない場合もあることには注意が必要である．

　これらの河川次数の算出においては，河川情報が掲載された地図があれば（1/25,000 地図がよく用いられる），手計算でも評価することが可能であるが，ArcGIS や SAGA（https://saga-gis.sourceforge.io/en/index.html）などの GIS（地理情報システム）を用いて，河川次数ラスターを作成して評価することが便利である．無料で扱える GIS ソフトも増えてきており，先に触れた SAGA は無償で利用することができる．加えて，無償で利用可能な代表的な GIS の 1 つである QGIS（https://qgis.org/ja/site/）においても，プロセシングツールを用いて SAGA との連携も可能となっている．こうしたソフトウェアを利用する場合の流路は，標高データに依存するため，解像度も含め解析パラメーターや解析方法を見直し，実際の河川に合うよう調整することも重要である．

第2章
河川と地形・水文

　人間の視界に映る河川の姿は限定的である．視点（スケール）を拡大や縮小することにより，みえるものが変化していくことは，直感的に想像できる．本章では，陸水（河川・湖沼・地下水などの陸地にある水，4.1 節を参照）の状態や変化，水循環と環境との関係を示すキーワードである**水文**（**水文学**：hydrology）について解説する．まず，イメージがしやすい河川と地形の関係について，次に，スケールを縮小するとみえてくる河川内の微小な地形や河川の流れについて述べる．最後に，水文について説明する．

2.1　河川の地形

　地表に降った雨は，流域という器で集められ，流域の低地を流れる．低地を流れる水は，土砂・栄養塩・有機物などを運搬する．我々は，広大なスケールの流域から対象に注目していく過程で，スケールを意識する．河川でみられる瀬，淵などの景観は，水の流れが作る河川特有の地形により形成される．

2.1.1　流域

　河川と地形の関係を考える際，大切な用語として**流域**（basin）がある．流域とは，降水（降雨，降雪）を河川に集める単位のことであり，**分水界**（watershed）と呼ばれる山の嶺を連ねる稜線によって囲まれた範囲のことである（図 2.1）（岩佐，1991）．

　河川への降水（降雨，降雪）は，地表面を流れるか，地下に浸透し**地下水**（ground water）となる．地表面に流出した水は標高が低い経路を通って集まり，河川となる．これらの水の流れを**表流水**（surface water）という．地下水として流出した水も，河川周辺で湧き出し河川に流入し，河川の流れを安定させる．流水の一

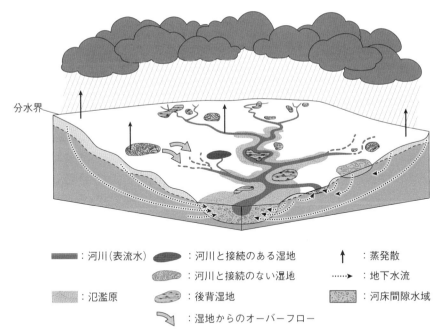

分水界

:河川(表流水)　　　:河川と接続のある湿地　　　↑ :蒸発散

:河川と接続のない湿地　　……▶ :地下水流

:氾濫原　　　:後背湿地　　　:河床間隙水域

:湿地からのオーバーフロー

図 2.1　流域の概要
U. S. EPA（2015）を参考に作成.

部や地下水の流出により，河川沿いや河川から独立した区域には**湿地**（wetland）
が形成される．これらの湿地は，河川とは環境特性の異なる水域を生物に提供
し，流域における生物の生息場所（ハビタット）の多様性を向上させる．この
ように，視点（スケール）を広げることで，河川を流れる水がどこから，また
どの範囲から供給されているのかを理解するのに役立つ．

2.1.2　水が運ぶ土砂，栄養塩，有機物

上述の流域内から集められた河川水は，土砂，**栄養塩**（nutrient）および**有
機物**（organic matter）などを下流へ運搬する．流域に降り表流水として流出
した水は，山地崩壊，地すべりを生じさせ，岩石の風化や人為により流出した
土砂をも合わせて下流へ運搬する．たとえば河川の流れは，河床の土砂を撒き
あがらせ，河岸を浸食し，下流側へ土砂を運搬する．下流側への土砂運搬量は，

土砂の性質（粒径，粘性など）に応じて決まる．粒径の大きな土砂は下流まで流されず，粒径の小さな土砂は下流まで運搬される．

　さらに，河川の流れは栄養塩も運搬し，生物は河川水中の栄養塩を取り込み成長する．栄養塩とは，生物の代謝・成長・増殖に不可欠な必須元素の中でも，とくに生物の要求量に対して不足しがちな無機塩類のことである（川那部ほか，2013）．栄養塩により成長した生物は，河川の流れや他の生物の影響を受ける．たとえば，河川の流れは，河床の石に付着して生育する付着藻類を剥離・流下させ，他の生物の餌資源となる．河川の流れによる剥離作用は，付着藻類の成長を促す面もある．たとえばアユは，河川の流れにより良好な状態となった付着藻類を餌資源として利用し成長する．

　このように，河川の水の流れは，生物の生息場所を提供するだけでなく，物質を運搬する機能も有している．

2.1.3　流域とスケール

　ここでは河川のスケールを縮小していきながら，**セグメント**（segment），**リーチ**（reach），**瀬**（riffle）と**淵**（pool）という用語について説明する．

　セグメントを理解するうえで重要な用語として**縦断図**（profile），**河床勾配**（river bed slope）がある．図 2.2 に示すような，横軸に河口などの特定地点からの距離，縦軸に標高をプロットした図を縦断図という．縦断図の勾配は河床勾配であり，標高変化を縦断距離で割ったものである．縦断図を大きく分類すると河床勾配が類似する区間を見つけることができ，これらの区間を**セグメント**という．山本のセグメント分類（山本，1994）を参考に，千曲川を例としたセグメントの変化を図 2.2 に示す．

　河川を上からみると，河川が直線で流れることはなく，**蛇行**（meander）していることが認識できる．蛇行は，波のようにみることもでき，蛇行の 1 波長を**リーチ**，リーチの中には，瀬と淵が 1 セットになった**ユニット**（unit）を認識することができる（図 2.3）．瀬は，水深が浅く流れが速い区間である．さらに，瀬は白波が立つ流れの速い区間の**早瀬**と，白波が立たない平瀬に細分類される．さらにスケールを拡大すると，瀬の上流部で流速が若干緩まる瀬頭，瀬の下流部で瀬頭から一気に流れ下り，流れが速くなる瀬尻がある．淵は，水深

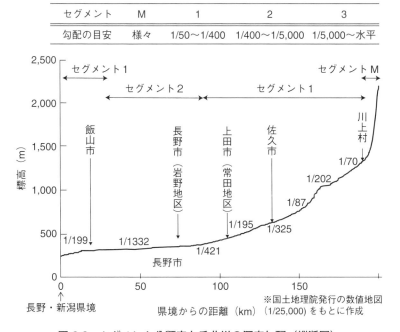

セグメント	M	1	2	3
勾配の目安	様々	1/50〜1/400	1/400〜1/5,000	1/5,000〜水平

図 2.2　セグメント分類表と千曲川の河床勾配（縦断図）

が深い区間である．淵の上流部では，瀬からの流れが勢いよく流入する場所である淵頭，淵の下流部で淵から河川の流れがゆっくりと流れ下る淵尻がある．淵は，水深が大きい空間を生物へ提供する．たとえば，一部の魚類にとっては，淵は水深が大きいことで鳥類などに捕食されにくく，また流れが遅い場所で遊泳を少なくできるため，良好な生息環境となる．

2.1.4　河川地形と河川景観

河床には砂漣（ripple）や砂堆（dune）が形成され，河道には**砂州**（sand bar）が形成されていることが多い．これらは，流れと流砂と流路形状の相互作用，および動植物の作用を受けながら形成される．一帯に集落や町や都市が形成されると，川には多くの機能が備わり，社会とともに川の役割も変わる．川の機能や役割を含む川の見え方が河川景観である．

　砂州は，砂礫がある規則に従って堆積したものであり，これには湾曲河道の

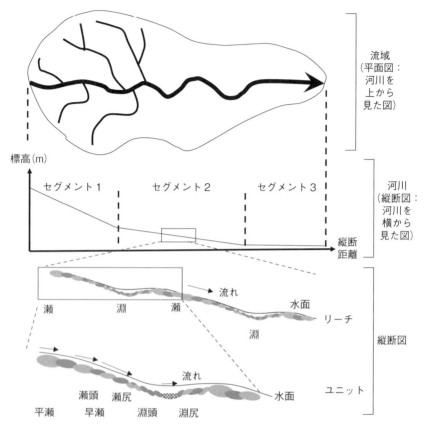

図 2.3 スケールを変化させた場合の河川の縦断形状の変化
Richard et al.（2017）を参考に作成.

内岸に形成される固定砂州，砂礫の堆積が河道の左岸と右岸に交互に形成される交互砂州（単列砂州ともいう；図2.4），川幅の広いところに形成される複列砂州などがある．河川の流れの水深，川幅，勾配，砂粒子の物理的特性が既知であれば，どのようなタイプの砂州が形成されるかがわかる．たとえば，直線河道に交互砂州が形成されているものとして，この状態を基準として川幅のみを狭めていくと砂州は消滅し，逆に広げていくと複列砂州が形成されるという具合である．

　河道に交互砂州が形成されると，砂州の前縁（クレスト）は左岸（右岸）に

図2.4　瀬淵ユニットと交互砂州の関係性（河道の平面図）

沿うように伸びて右岸に直行するような曲線形状を呈する（図2.4点線）．これに対し，流れはクレストを直角に横切るような性質がある．このことから，流れは蛇行し，水衝部が交互に形成される．この時，河岸が受食性材料の場合には蛇行流路の形成につながることがある．

　蛇行河道の外岸領域の河床近傍には内岸に向かう流れが形成され，その領域が浸食されて深掘れが形成される．これが交互に連なるように形成され，平水時にはこれが淵として認識されている．淵から次の淵までの遷移領域に瀬が形成される．なお，交互砂州を有する河道においても瀬・淵の形成がみられる．これは，左右岸の水衝部には流れの集中と発散が起こって水衝部領域の河床が浸食されることによる（コラム2.1，図3.7も参照）．

2.2　河川の水文学

　本節では，水循環に関する研究を取り扱う**水文学**（hydrology）について取り上げ，流域への降水をもたらす日本の気候区分や河川水文学の基礎的な知識について説明する．その後，河川の水文学的特性の違いが流量特性に与える影響を整理する．

2.2.1　水文学と河川水文学

　一般に，水文学は，地球上の水の循環過程における様々な自然科学的側面を取り扱う学問である．水文学のうち，河川を対象とした水文学を河川水文学といい，その成果は，河川管理の基礎資料を提供する（岩佐，1991）．河川水文学は，気候特性と対応する流域への降水特性，地質・地形に応じた流出特性，さ

らに流出した水が集積し河川流量となる過程を取り扱う.

2.2.2　日本の気候区分, 河川水文特性および流量特性の関係

　河川を流れる水は, 降水が流出したものである. そのため, ある土地で1年を周期として繰り返される気温, 降水量, 風などの気候特性が, 河川の流量に影響を与える. 河川におけるある断面の**流量** (flow discharge) とは, 単位時間にその地点の横断面を流れる流体の体積または質量をいう. 河川とその流域が属する気候区分の特性に応じた降水が流域へともたらされると, 森林などによる遮断, 地表面や水面からの蒸発, 木葉からの蒸散という損失を受ける. 残りは, 地中へ浸透し, 地下水となる. しかし, 降水が激しいときには浸透しきれず地表面を流れる (岩佐, 1991). これらの過程を通して, 気候特性, 特に, 降水が流量に大きな影響を与えることが容易に理解できる.

　日本の気候区分としては, 図2.5に示す6つの気候区分 (北海道の気候, 日本海側の気候, 太平洋側の気候, 内陸性の気候, 瀬戸内の気候, および南西諸島の気候) が馴染み深い. 図2.5には, 一例として, 千曲川 (長野県) が属する内陸性の気候, 千曲川に比較的近く緯度が同程度である日本海側の気候の代表として手取川 (石川県), 太平洋側の気候として那珂川 (茨城県), 瀬戸内の気候として吉野川 (徳島県) を示した. 図中のポイントは, 千曲川, 手取川, 那珂川および吉野川の流域の中央に近い地点を示している.

　図2.6は, いずれも上部に単位時間当たりの降水量の時系列変化を表したハイエトグラフを, 下部には単位時間当たりの河川流量の時系列変化を表したハイドログラフを示した. 千曲川は他地点に比べ降水量が少ないが, 梅雨時期である6〜7月頃と台風時期である8〜10月に降水量が増加する. 降水量の増加とともに流量も増加する. 太平洋側の気候に属する那珂川は, 春期と台風時期にかけての流量増加がみられる. 日本海側の気候に属する手取川は, 冬期 (1〜3月) から早春期 (4月) にかけて, 主として雪による降水量の増加が生じ, それに応じた融雪出水による流量増加がみられる. 瀬戸内の気候に属する吉野川は, 年間を通して降水量が少なく流量は安定している. しかし, 台風に起因すると考えられる7月の著しい降水・出水が特徴的である. 縦軸の降水量, 流量の最大値が他の河川よりも大きく, 台風時の降水・流量が他の河川に比べると

図 2.5 気候帯の図
帝国書院編集部（2020）を参考に作成.

著しく大きいのも特性である.

これらの降水特性と流量特性は，10.1 節で述べるように，土砂，栄養塩および有機物の運搬，生物の生息場所に大きな影響を与える.

2.2.3 フローレジームが生態系に与える影響

フローレジーム（flow regime）と呼ばれる河川の流量変動（変化の大きさ，頻度，期間，タイミングおよび変化率）は，河川生態系を構成する様々な要素に影響を与える．図 2.7 にフローレジームが河川生態系に与える影響を示す．フローレジームは河川内の流れに大きな影響を与え，その流れは土砂，無機物および有機物の運搬に影響を与える．フローレジームに伴うこれらの物質の流れ

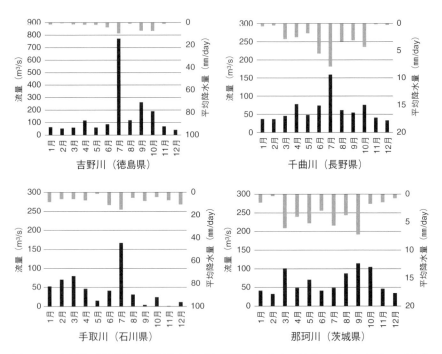

図 2.6　千曲川，那珂川，手取川および吉野川における 4 地点ハイエトグラフ（降水量，各河川のグラフ上部グレー部）・ハイドログラフ（流量，各河川のグラフ下部黒色部）の図
国土交通省（2022）を参考に作成.

の変化は，水質や生物の栄養源となる物質だけでなく，生物の生息場所や生物間の相互作用にも影響する．これらは総合化されて，最終的には河川生態系へ影響を及ぼす．図 2.6 の 4 地点ハイエトグラフ・ハイドログラフに示すように，属する気候区分により違いはあるが，一般的に，日本の河川におけるフローレジームは春期から降水量・流量がともに増加し，梅雨・台風時期に出水が生じ，冬期には流量が低下する傾向がある．このフローレジームに対応し，河川生物はそれぞれの生活史を送る（図 2.7）.

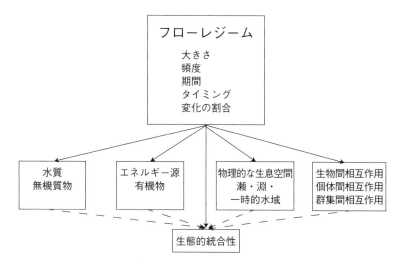

図 2.7　フローレジーム（流量変動）が河川生態系に与える影響
Poff et al.（1997）を参考に作成.

河川工学の基礎用語（河川堤防・地形編）

　人類は，度重なる洪水氾濫から身を守るために河川堤防を築いてきた．堤防は，経済性，材料調達の容易さ，復旧のしやすさなどの理由から「土」で作ることを原則としている（中川，2014）．河川堤防を含む一般的な河川の横断面図を図 1 に示す.

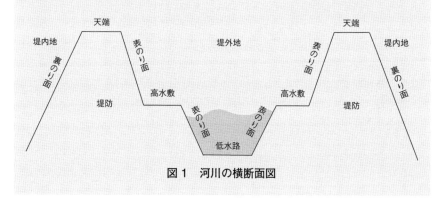

図 1　河川の横断面図

　堤防と堤防で挟まれた河川水が流れる部分を**堤外地**といい，堤防によって守られる住居や建物などが存在する部分を**堤内地**という．堤外地の中で，平水時（通常時）に河川水が流れる部分を**低水路**といい，洪水時（大雨時）にのみ河川水が流れる部分を**高水敷**という．そのため，一般的に高水敷は農耕地や運動場などとして日常的に利用されている．また，堤防の頂面のことを**天端**という．ここで，低水路と高水敷があるような図 1 のような河川断面を**複断面**といい，高水敷がない河川断面を**単断面**という．

　近年，頻発する大雨により，全国各地の河川において，堤防が全面的に破壊する**破堤**が多発している．破堤が起こると，その影響で堤内地に大量の河川水が流れ込むことにより，住居や建物が多大なる被害を受ける．破堤の原因は大きく分けて，以下に示す 3 つである．(1)**越水**：河川水位が堤防天端よりも高い水位に達し，堤防を越流することにより，裏のり面（堤内地側の堤防面）が削られることにより破堤に至る．(2)**浸食・洗堀**：河川流の大きな流速が原因で表のり面（堤外地側の堤防面）が浸食されることにより，堤防断面が減少し，破堤に至る．(3)**浸透**：河川堤防内に河川水や雨水が浸透し，堤体が不安定になって，表のり面や裏のり面が滑り，破堤に至る．過去の破堤の原因は越水とされたものが多く，河川計画においては，越水を起こさないように河道の整備を行うことが基本となっている（中川，2014）．

　現代の河川堤防は連続して設置されていることが多いが，昔からの名残で図 2 に示す**霞堤**と呼ばれる不連続堤防が設置されている場所もある．霞堤は，主に 2 つの機能をもつ．1 つ目は，洪水時に開口部から逆流し，本川の流量を減らすことができる．2 つ目は，洪水後に氾濫水を速やかに開口部から本川に戻すことができる．近年の**流域治水**（コラム 10.1 を参照）の考え方では，霞堤の機能も見直されるようになってきている．

　河川を平面的にみた場合，図 3 に示すように，河川の上流側からみて左側の岸を**左岸**，右側の岸を**右岸**という．湾曲部の外岸側のように，洪水時に護岸や堤防にあたる水の流れが特に強くなるところを**水衝部**という．洪水時の河岸浸食防止や澪筋（川筋）の安定のために，河岸から河川の中心部に向けて突出させて設けられる工作物を設置することがある．これを**水制**という．

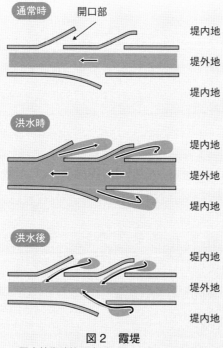

図2 霞堤
国土技術政策研究所ホームページに加筆.

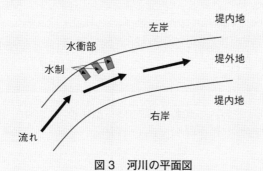

図3 河川の平面図

第 **3** 章
河川流の水理

本章では，まず，河川生態系を考えるうえで必要となる水理面からみた基礎事項を概説する．次に，流れの分類について整理する．最後に，流れの様子が大きく異なる平水時と洪水時における流れの特徴について，具体例を交えながら述べる．

3.1　河川生態系を考えるために必要な水理諸量

3.1.1　河川流を表現する物理諸量

河川流の様子を表現する物理量として，水面の高さと流れの速さが挙げられる．図 3.1 に示すように，基準面（一般的には東京湾中等潮位を用いるが，河川により異なる場合もある）からの水面の高さを**水位**（water level）といい，水面から河床までの鉛直距離を**水深**（water depth）という．なお，基準面が水面より高い位置にあるとき，水位はマイナスになる．流れ場は 3 次元（縦断・横断・

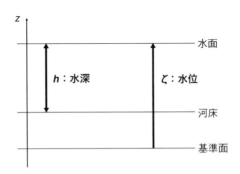

図 3.1　水位と水深の定義

鉛直）構造をもつが，河川では一般的に縦断（流下）方向の流速が横断方向や鉛直方向の流速よりも卓越するため，縦断方向の流速を取り扱うことが多い．また，ある河川断面を通過する水量を定義する量として，**流量**（discharge）がある．流量は，単位時間当たりに，ある断面を通過する水の体積のことであり，m^3/s の単位で示される．水の密度がほぼ $1,000\,kg/m^3$（$1\,t/m^3$）であることから，工学系の実務では流量の単位として毎秒○t（トン）と表現されることもある．

3.1.2　河川流を表現する物理諸量の計測方法

(1) 水位・水深

　観測領域近くの基準点標高から水準測量を繰り返すことにより，水位が求められる．人工衛星を利用してリアルタイムで自分の位置を割り出すことができる RTK-GNSS（Real Time Kinematic Global Navigation Satellite System）では，機器を設置した場所を基準点にできるので効率的である．浅い場所では目盛付きのスタッフ（箱尺）で水深を計測するとよい．河川に入ることが困難な深い場所ではボートによる横断測量が行われてきたが，最近は水中でも適用可能なグリーンレーザーによる高精度地形測量方法の開発が進められている（吉田ほか，2017）.

(2) 流速・流量

　浅い場所での流速計測には，プロペラ型流速計や電磁流速計が多く用いられてきた．近年では，河川に入ることのできない場所を含めた面的な流速分布や流量を計測可能である図 3.2 に示すような超音波ドップラー流速計 ADCP（Acoustic Doppler Current Profiler）が用いられるようになってきた．ADCP とは，水中の懸濁物質に超音波のビームを発射し，戻ってくる周波数変化（ドップラーシフト）を解析することにより流向・流速を算出する機器で，同時に水深も計測することができる．河川では，この機器を小型ボートに取り付けて（図 3.3），水域を曳航することで流向・流速・水深データを得ることが多い．さらに，近年多発する洪水時の流量観測ニーズの高まりから，非接触でビデオ画像をもとに流速・流量を計算する可視化計測法 PIV（Particle Image Velocimetry）の

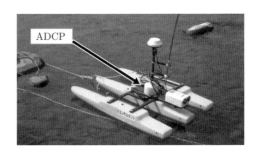

図 3.2 ADCP   図 3.3 ADCP による河川での観測

技術も実用化が進んでいる（株式会社ハイドロ総合技術研究所ホームページ）.

国や県などが管理する河川には，一般的に水位観測所が設けられている．それらの水位は，自記水位計（フロート式，圧力式など）で連続観測されているが，流速は連続観測されていないことがほとんどである．それらの河川では，平水時（低水時）と洪水時（高水時）に計測した流速および水位をもとに流量を算定し，そのときの水位（H）と流量（Q）の関係式（H-Q 式）を作成することにより，連続観測した水位を流量に換算している（図 3.4）．H-Q 式は式 (3.1) に示すような 2 次式で表されることが多い.

$$Q = a(H + b)^2 \qquad （ただし，a, b は定数）\tag{3.1}$$

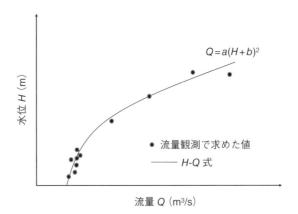

図 3.4 水位（H）と流量（Q）の関係式（H-Q 式）の作成

　国土交通省では，水文水質データベースを作成し，リアルタイムの水位ととも
もに，過去の水位から H-Q 式で換算した過去の流量を公開している（国土交
通省ホームページ a）．

　一方，水深が 50 cm 程度までの小規模河川であれば，河川の横断面を，水深
を計測した点で分割し，分割された部分の流速 × 面積を足し合わせることによ
り，流量を算定することができる（加藤，2014）．このときの流速 V の計測に
は，図 3.5 に示すように，1 点法（水面から 6 割の水深の点の流速 $v_{0.6}$ を用い
る），2 点法（水面から 2 割，8 割の水深の点の流速 $v_{0.2}$，$v_{0.8}$ を用いる），3 点
法（水面から 2 割，6 割，8 割の水深の点の流速 $v_{0.2}$，$v_{0.6}$，$v_{0.8}$ を用いる）な
どがある（土木学会水理委員会，1985）．一般的には，2 点法が標準となってい
るが，水深が小さい場合は 1 点法を用いることになっている（国土交通省ホー
ムページ b）．

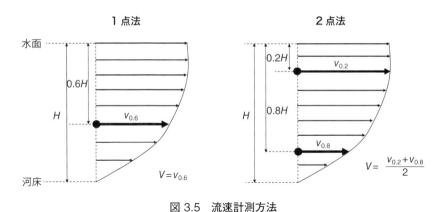

図 3.5　流速計測方法

3.2　流れの分類

　流れが大気に接する面のことを自由水面という．また，自由水面をもつ流れ
のことを開水路の流れという．河川や水路などの開水路の流れは，一般的に時間
的にも空間的にも変化するが，水の流れは時間的・空間的な変化の有無により，
表 3.1 のように分類される．時間的に変化しない流れを**定常流**（steady flow），

表 3.1　流れの分類

空間 時間	変化しない	変化する
変化しない （定常流）	等流	不等流
変化する （非定常流）	存在しない	不定流

時間的に変化する流れを**非定常流**（unsteady flow）という．定常流の中で，場所的に変化しない流れを**等流**（uniform flow），場所的に変化する流れを**不等流**（non-uniform flow）という．不等流の中で変化が緩やかなものを漸変流，変化が急なものを急変流という．また，非定常流は空間的にも必ず変化し，開水路流れに対しては不定流という言い方をすることが多い．なお，非定常流と不定流は同意であるため，**不定流**の英語名は unsteady flow である．

　また，水深や流速の大きさによっても，河川の流れは分類される．その分類には，**フルード数** Fr（Froude number）という無次元数が用いられ，以下の式 (3.2) で定義される．

$$Fr = \frac{V}{c} = \frac{V}{\sqrt{gh}} \tag{3.2}$$

ここで V（m/s）：流速，c（m/s）：波速，g（m/s^2）：重力加速度，h（m）：水深である．Fr が 1 より小さい流れを**常流**（subcritical flow），Fr が 1 より大きい流れを**射流**（supercritical flow）という．その物理的な意味を，図 3.6 に示す石を水面に投げ入れた例で説明する（図中には，石を投げ入れてから Δt 秒後の波紋を書いている）．流れがない場合，波紋は (a) のように波速 c で同心円状に広がる．流速が波速より小さい常流 (b) では波紋は上流にも下流にも伝わるが，流速が波速より大きい射流 (c) では波紋は下流のみに伝わる．つまり，流速や水位などの変化（擾乱）が生じた場合，常流ではその影響は上流にも下流にも伝わるが，射流では下流のみに伝わる．なお，河川の流れは，ほとんどが常流であるが，構造物直下や地形急変部あるいは洪水時の河川上流部では射流がみられることもある．

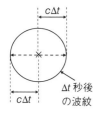
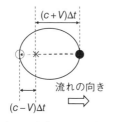
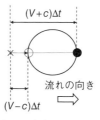

（a）流れがないとき　（b）流速 V ＜波速 c のとき（常流）（c）流速 V ＞波速 c のとき（射流）

×：石の投入点
○：上流側の波紋の位置
●：下流側の波紋の位置

$$Fr = \frac{V}{c} < 1$$

$$Fr = \frac{V}{c} > 1$$

図 3.6　常流と射流のイメージ図

3.3　平水時と洪水時の水理

　河川の流れは，平水時（低水時）と洪水時（高水時）で大きく異なる．平水時は，低水路内を流れるのに対し，洪水時は高水敷を含めた河道断面全体を流下する（コラム 2.1 を参照）．

　平水時の流速は，一般的に瀬で大きく淵で小さいため，物質輸送の観点からは，瀬よりも淵に物質がたまりやすい．また湾曲部では，図 3.7 に示すように，水面付近で外岸向き，河床付近で内岸向きの**二次流**（secondary flow）が発生する．この流れにより，湾曲内岸側に土砂が堆積し，砂州が形成される（竹林，2014）．さらに，淵を細かくみると，微地形や人工構造物などの影響で流れ場が形成されており，その流れ場に応じた物質輸送が行われていることが予想される（13.1 節を参照）．

　また，3.1.1 項で説明した流量は，流速 V（m/s）と流水断面積 A（m²）を用いて，式 (3.3) で表される．

$$Q = VA \qquad (3.3)$$

　図 3.8 のように，流下とともに水深が変化する深い領域と浅い領域がつながった水域を考える．川幅を一定と考えると，浅い領域では流水断面積が小さくなるため，式 (3.3) から流れが速くなることがわかる．一方，深い領域では流れ

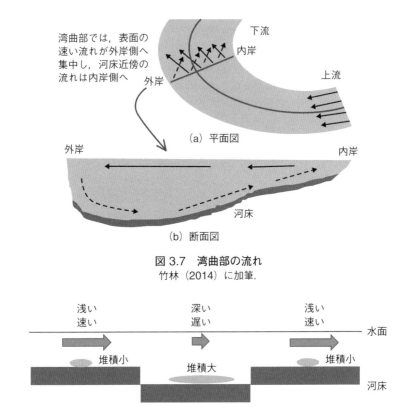

図 3.7　湾曲部の流れ
竹林（2014）に加筆.

図 3.8　水域特性の違いに伴う物質堆積のメカニズム

が遅くなる．次に，河川中を流下する物質の挙動に着目する．一般に，流下物
質はその大きさが大きいほど速く沈むが，ここでは，流下物質の大きさを一定
と考える．深い領域と浅い領域を比較すると，図 3.8 に示すように，深い領域
の方が浅い領域よりも流れが遅くなり，河床に物質がたまりやすくなる．

　上述の説明では流速分布を考慮していないが，実際の河川では流速は水平方
向にも鉛直方向にも分布をもつ．流速の空間的な変化が大きい場所では，そこ
に存在する水粒子同士の流速差が大きくなるため，流速の乱れ成分（平均流速
からの偏差）による輸送により，水が混ざりやすくなる．このような場所では，
一般的に河床に物質がたまりやすいといわれている．なお，流速の乱れ成分に
よる輸送に関する詳細なメカニズムについては，有田（1998），土木学会水工学

図 3.9　洪水による長芋栽培（長野県長野市松代町の河川敷）の耕土流失
流失せずに残った長芋（図中の白丸）がみえている.

委員会（2015）などを参照されたい.

　洪水時は，流速・水深ともに平水時よりかなり大きくなり，物質輸送量や河床変動量が大きくなる. 2019 年 10 月台風 19 号（台風ハギビス：令和元年東日本台風）による洪水時の千曲川の具体例で説明する. 物質輸送の観点では，高水敷において長芋栽培のために敷き詰めていた大規模な耕土流失（図 3.9）・堆積の双方が発生した箇所や，河川狭窄部直上流での流速低下に伴う大規模な土砂堆積が起こった箇所がみられた. この洪水では長野県上田市に架かる千曲川橋梁が落下したが，これを河床変動の観点からみると，図 3.10 のように千曲川橋梁部に形成されていた砂州が洪水流によって発達・前進することにより，流路が大規模に変動し，洪水前に砂州の堆積側であった堤防が浸食を受け，落橋につながったと考えられている（土木学会水工学委員会，2020）.

洪水前

洪水後

図 3.10 洪水により落橋した千曲川橋梁（長野県上田市）

洪水前に千曲川橋梁付近の左岸側（図では右側）に形成されていた砂州が洪水後になくなり，
落橋している．国土交通省北陸地方整備局提供．→口絵 2

コラム 3.1

河川工学の基礎用語（洪水計画編）

　河川を管理するにあたり，河川法に基づく河川の管理者（主に，国および都道府県）は，河川整備の基本となるべき方針に関する事項（**河川整備基本方針**）と具体的な河川整備に関する事項（**河川整備計画**）を定めることになっている．河川整備基本方針では，個別事業など具体の河川整備の内容を定めず，整備の考え方（長期的な視点に立った河川整備の基本的な方針）が記述されている．河川整備計画では，個別事業を含む具体的な河川の整備の内容（20〜30 年後の河川整備の目標）が明確にされている．現在，日本の一級水系（109 河川）では，河川整備基本方針および河川整備計画はすべて策定されているが，これらは社会情勢の変化や洪水の発生などに伴い，見直し（変更）が行われることがある（詳細は，国土交通省ホームページ c を参照）．

　河川整備基本方針や河川整備計画を策定するにあたっては，河道を流下できる流量（河道配分流量）を基準地点で決定する．この流量を決定するための基準となる流量が，**基本高水流量・計画高水流量**（土木学会，1999）である．基本高水流量とは，治水計画を策定するときに，河川や地域の重要度，過去の洪水履歴に基づいて決定した計画の基準とする洪水時のピーク流量のことである．計画高水流量とは，洪水調節ダムや遊水地（河道に沿った地域で，洪水時に湛水して洪水流量の一部を貯留し，下流のピーク流量を低減させ洪水調節を行うために利用される地域の総称（土木学会，1999））などの存在を考慮したうえで，上述の計画の基準とする洪水が河道を流下すると仮定したときのピーク流量のことである（図）．計画高水流量を流すための河道断面が確保できない場合は，堤内地（コラム 2.1 を参照）側に堤防を新築し，旧堤防を撤去することがある．これを「引堤」という．しかし，河川のすぐ近くに住居・建物・農地などの私有地がある場合は，引堤のための用地を河川管理者（国・都道府県・市町村）が住民と話し合って確保する必要がある．

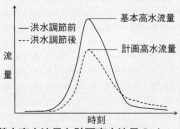

図　基本高水流量と計画高水流量のイメージ図

第4章
流程に沿った河川景観の移りかわりと生物群集の成立

　河川同士が合流することで**水系**（river system）が形成される．水系は，多くの「線」状の河川がつながったネットワークといえる．個々の河川においても，上流から下流にかけて環境の質は大きく異なり，河川生態系では，上流域，中流域，下流域など，それぞれの環境に適応した生物種群が入れ替わりながら流程に沿って分布する．また，水域と陸域との間には**エコトーン**（ecotone：**移行帯**）が存在し，生物の群集構造や特定種内の集団構造と環境要因との関係性，種間相互作用などを調査するうえで最適なフィールドである．

　河川は，流域に降り注いだ雨が，渓谷や扇状地，中洲，三角州など様々な環境を形成しながら河口へと注ぐ．本章では，河川の流れ（stream flow）の質や量などの環境変化や，流域間のつながり，隣接する陸域とのつながり，表流水と地下水（河床間隙水）とのつながりなどを含め，水生生物の生息場所（ハビタット）の流程における連続性の観点から解説する．また最後に，人間社会は，河川，湖池沼，地下帯水層から大量の水を抽出して，農業，地方自治体，および産業の需要に対応しているが，このような人間活動によって流れの自然変動にどのような影響をもたらしているのかについても触れる．

4.1　陸域における水循環

　陸水（freshwater, inland water）とは，陸域に存在するすべての水環境を指し（河川，湖池沼，湿地，土壌水，地下水など），地球上の総水量の 2.8％を占める．その内訳は，**氷帽**（ice caps）や**氷河**（glaciers）が大多数の 2.2％で，地下水は 0.61％，0.009％が湖，0.0001％は大気中，そして河川が占める割合は 0.0001％に満たない．従来，陸水は**止水環境**（standing water, lentic water）と**流水環境**（running water, lotic water）に大別され，水生生物はどちらかの

環境に適応しているものが多い（ごくまれに両方の環境に生息する種もみられる；Ribera and Vogler 2000；Takenaka et al., 2021）.

　河川は流水環境の代表であるが，たとえばセーヌ川流域への降水量は河川流量の 6 倍にも相当するとされ（Morisawa, 1968），表流水だけでなく地下水の重要性を意味している．また，少雨期にも地下水や融雪などを起源とする表流水が供給される（図 4.1）．河川は，基礎となる岩相や地域の気候の変化により状態が変化するため，表流水（河川水路）と地下水との間での水の交換や栄養動態の理解は，河床の基質内に生息する生物にとっても重要な要素である（河床間隙水については第 1 章を参照）.

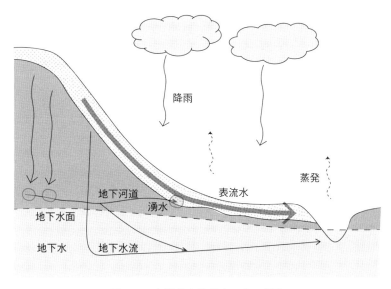

図 4.1　山間部を移動する水の経路

表流水は，降水量が土壌の浸透能力を越えると表れる．また，地下水を通り，まれに湧水として地表に表れる．地下の河道にも生物は生息し，重要な河川生態系の 1 つとして機能している.

　日本列島では，四季によって河川の景観は大きく変化する．雪融けや梅雨の時期には，増水や氾濫が生じ，冬季には乾燥や積雪することにより河川の一部が伏流する（間欠河川化）など，同じ河川においても様相が大きく変化することがある（2.2.2 項，2.2.3 項を参照）.

4.2　流程に沿った河川環境の移りかわり

　河川ネットワークは，水源である源流域から山地渓流である上流域，扇状地や氾濫原などを形成しながら流下し，河口に至る．これらの流程に沿って，河川の環境や景観は大きく異なる（図 4.2; Vannote et al., 1980; 森・石川，2014; Okamoto et al., 2022）．河川では上流域から下流域へと向かう物質の移動や生物の移動や分散は比較的容易であるものの，その逆方向の移動や分散は困難であり，明確な階層性（ヒエラルキー）が存在する．また，水系，流域やセグメント，リーチなど，スケールの異なる階層性が存在し，これらが関係しながら河川の景観が構成される（Frissell et al., 1986，2.1.3 項を参照）．さらに 1 つの河川内に生息する生物にとっても，群集から種，集団，個体，分子レベルなどの階層性が存在する．また，生物種数や**現存量**（**バイオマス**：biomass）は中下流域ほど大きくなるなど，異質で多様な階層性をもつのが河川生態系である．

　ここからは河川の大きな方向性に着目し，流程に沿った方向性やつながり，また階層性について概説する（物質循環に関しては第 9 章を参照）．

4.3　縦断方向：流程による環境の違い

　Vannote et al.（1980）と川那部ほか（2013）を参考に，一般的な河川における流域ごとの特徴を列挙する（図 4.3）．山間部の山地渓流に代表されるように，上流域には大きな岩や巨礫が多い．また，河床勾配が大きく，水の流れは速く，早瀬と淵が高い段差で交互に存在する．河畔林が生い茂るため開空率は低く（太陽光が入りにくく），光合成をする水生植物や藻類の群集が発達しにくい環境である．一方で，河畔林からの（陸域由来の）有機物の流入は多く，**粗粒状有機物**（coarse particle organic matter: **CPOM**, 以降 CPOM）が多く占める．

　中流域では河床勾配が緩やかになり，流速は遅くなる．上流から運ばれる過程で磨耗した丸石が多くなり，上流域に比べて物質の運搬力が下がるために底

図 4.2　流程により大きく異なる河川環境
（a）飛沫帯（湿岩の水しぶきがかかる環境），（b）源流域，（c）山地渓流，（d）山間部を流れる中流域，（e）平野部を流れる中流域，（f）河口直前の下流域．→口絵 3

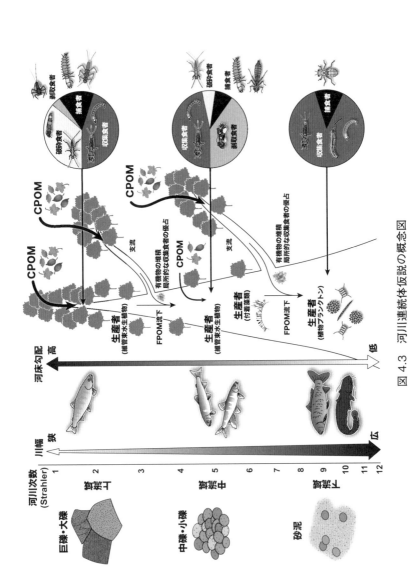

図 4.3 河川連続体仮説の概念図

河川環境は、流程により連続的に変化し、こうした環境の違いに応じて成立する生物群集も移りかわる。河川次数はコラム 1.1 を参照。
Vannote et al. (1980) を改変.

質粗度（礫サイズの構成）は小さくなる．川幅が広がることで開空率が高まり，日射量の増加が付着藻類や水生植物の生産量を高める．一方で，陸域からの有機物供給は減少し，上流で流入した陸域由来の有機物が分解されながら，より小さな細粒状有機物（fine particle organic matter: **FPOM**, 以降 FPOM）として供給される．

　下流域ではさらに川幅が広がり，河床勾配はより小さく，流れはより緩やかになる．物質の運搬力がさらに低下し，底質は小礫や砂，シルトによって構成され，底質粗度はさらに小さくなる．開空率は高まるが，水深が大きくなることで河床への日射量は減少し，付着藻類の生産量が低下する一方，植物プランクトンによる生産量は増加しやすくなる．集水域面積が大きくなる下流域ほど流量は大きくなり，ゆっくり流れるため蛇行しがちになる．そのため，洪水の流量増加により氾濫原が形成されやすくなる．

4.4　流程に沿った生態系機能の移りかわり

　このように河川環境を構成する要素は明確な境界があるわけではなく，上流から下流域にかけて連続的に変化する（図 4.3）．流程に沿った河川環境の変化に加えて，台風などによる洪水では影響も甚大なものとなる．地形による影響や河川の特徴に関しては第 1 章で，洪水時の生物への影響は第 6 章で詳しく説明されている．ここでは，流程に沿って変化する環境や地形に強く影響を受ける生物の分布や物質の循環に着目し，河川のつながりに関する概念をいくつか紹介する．

　水系は，河口を起点として本流が主幹となり，多くの支流が大小の枝のように「線」的に配置された樹状ネットワーク構造を示す．水系内において，河畔林の発達や，有機物の動態に関しても連続的な変化であり，このような特性は**河川連続体仮説**（River Continuum Concept）として概念化されている（Vannote et al., 1980；図 4.3）．これは，河川生態系が隣接する生態系との関わりを重視したものであり，物質やエネルギーの流れやつながり（生態系の特徴）を統合的に概念化している．このような流程に沿った連続的な環境の変化に伴い，生物が利用できる物質やエネルギーも変化する．こうした環境の違いに応じて，異

なる**摂食機能群**（functional feeding groups）に位置づけられる生物種群集が成立している.

　河畔林が発達する上流域では陸域から CPOM が流入しやすく, その落ち葉などを巣材や餌とする**破砕食者**（shredder）と呼ばれる水生昆虫, たとえばカクツットビケラ類やコバントビケラ類, トビイロカゲロウ類などが優占する. この CPOM は, 物理的作用や破砕食者によってより小さな FPOM に分解される. また樹冠が覆われ河川に太陽光が入りにくいため, 光合成をする水生植物や藻類が発達しにくい特徴がある. そのため上流域では, 光合成による一次生産を基盤とする食物連鎖（生食連鎖）とは異なり, 周辺から流入する有機物を水生動物が分解する腐食連鎖が発達する傾向にある（図 4.4 の右側）. 中流域では, 川幅が広がり開空率が高まるため, 水生植物や藻類の光合成による生産が増加し, 生食連鎖が発達する（図 4.4 の左側）. 加えて, その藻類などを餌とする**剥取食者**（grazer）と呼ばれる水生昆虫のシロハラコカゲロウやヒラタカゲロウ類, ヤマトビケラ類が優占する傾向にある. このような種の置き換わりが連続的に起こるだけでなく, 上流域で流入した有機物は分解されながら下流域に向かって運ばれるため, 上流から運搬される物質の量や質の影響を受ける. また, 分解され堆積した有機物を餌とする**収集食者**（collector）は上流域から下流域に跨っていて, 下流域は水深も大きくなることから河川内の 1 次生産量は減り, 流下する懸濁物が増え, それを餌とする収集食者である水生昆虫のヒゲナガカワトビケラやシマトビケラが優占する傾向がみられる. このような連続的な変化に伴い, 物理的環境や物質やエネルギーも変化する. そして, 環境に応じた摂食機能群が優占する（しかし, 種によっては複数の摂食型を示すものもある）（摂食機能群の詳細に関しては, コラム 4.1 を参照）.

> ## コラム 4.1
>
> ### 摂食機能群
>
> 　生活史の大部分を河川で過ごす水生昆虫類は, 雑食性であるものが多い. これは, 環境撹乱への 1 つの適応現象で, 洪水などの撹乱が突如襲ってきた時に, 狭食性であれば, 必要な餌資源の流失に伴い, 餌不足に陥り絶滅してしまう可能性がある. しかし,「なんでも食べる, 食べられる」という雑食性であれば, そのよ

うな状況にも比較的うまく対応できる確率が高い．つまり，河川における水生昆虫類にとっては，餌の種類のみでグループ分けすることはあまり意味がない．一般的に広く用いられているグループ分けは，食べ物の種類（食性）と食べ方（摂食様式）とで区分する**摂食機能群**（functional feeding groups）という考え方である．Merritt and Cummins（1996）による分類が頻出するが，採餌方法を中心に類型化しているために，餌内容や栄養段階とは必ずしも対応しない．竹門（2005）は Merritt and Cummins（1996）の北米版類型を基に，消化管内容物の情報も取り入れた日本版として再構築し，以下の 7 つに類型化した．(1) **捕食者**（predator）：他の動物を捕まえて食べるグループ（例として，マダラカゲロウの仲間やトンボの仲間，ナガレトビケラの仲間，モンユスリカの仲間，カワゲラの一部，ヘビトンボなど）．(2) **破砕食者**（shredder）：落葉や大型植物体，小枝など（リター）を噛み砕いて食べるグループ（カクツツトビケラの仲間やオナシカワゲラの仲間，ハムグリユスリカの仲間など）．(3) **剥取食者**（grazer）：石面の付着藻類などを掻きとって食べるグループ．竹門（2005）の分類に従い，さらに (3)-1 **摘み採り食者**（browser）と (3)-2 **掃き採り食者**（scraper）の 2 つに区分する．摘み採り食者は，大顎や犬歯を石面に打ち付けて付着物を根こそぎ剥ぎ取るような採餌方法を示すグループ（コカゲロウの仲間，ニンギョウトビケラ，ウスバヒメガガンボの仲間，テンマクユスリカなど）．掃き採り食者は，石面の付着藻類などを食べるのに大顎の犬歯で削り採るよりも，小顎の鬚で表面を掻きとって食べるグループ（ヒラタカゲロウの仲間など）．(4) **ろ過食者**（filter-feeder, filterer）：無形粒状有機物など流下してくる有機物（主に落葉由来の粒子や剥離藻類などの由来物）を網などで濾しとって食べるグループ（造網型のトビケラ目，モンカゲロウ，チラカゲロウ，オオシロカゲロウ，ブユ，ナガレユスリカやハモンユスリカの仲間など）．(5) **堆積物収集食者**（deposit-feeder），**採集食者**（collector-gatherer）：堆積有機物，細粒有機物（主に落葉由来）を食べるグループ（トビイロカゲロウの仲間，ユスリカの一部など）．これらに加え，(6) **腐生食者**（detritus-feeder）：微粒状の有機物（動植物の遺骸由来のものや排泄・排出物，それらに付着するバクテリアなども含む）を摂食するグループ（ウズムシなど）．(7) **寄生者**（parasites）：生きた動物に寄生し，動物の組織や体液などを食するグループ（センチュウ類など）の 7 分類である．このような摂食機能群の区分は必ずしも分類学的区分と一致しない．また，摂食機能群による分類は，食物連鎖（または食物網）中の位置を示すものではなく，同一種でも季節や場所，発育段階によって所属する機能群は変わりうることを忘れてはならない．

4.5 縦断方向における生物の分布と移動・分散

　河川の上流から下流方向への生物の移動だけでなく，逆方向の移動も知られている．本流に生息する魚類は産卵時に支流へ遡上したり，洪水時の回避地としても支流を利用する．また，河川内だけでなく，海と川を往来する両側回遊性の魚類や甲殻類などの移動も知られており，これは海から河川への物質移動の観点としても重要である（Uno et al., 2022）．サケの遡上は有名であるが，海で育ったサケは繁殖のために河川を遡上し，その遡上スケールは時に大規模となる．冬眠を控えたクマをはじめとする多くの生物にとって重要なエネルギー資源となっているほか，河川で繁殖し生涯を終えることは，大量の海洋起源の有機物を河川へと運搬することにもなる．

　河川の上流–下流の環境変化に伴った水生生物の**流程分布**は，上述した水生生物の分布傾向以外にも様々な報告がある．近縁種間における事例として，モンカゲロウ属は日本国内の広域において，上流域からフタスジモンカゲロウ，モンカゲロウ，そしてトウヨウモンカゲロウが，互いに分布域が重複しながら流程分布している．これらのモンカゲロウ属 3 種の分布情報や，採集地点の環境分析から，流程の環境変容に応じた各種の分布特性が議論されている（Okamoto and Tojo, 2021; Okamoto et al., 2022）．また，ヒラタカゲロウ類やマダラカゲロウ類の流程分布も有名である（川合・谷田，2005；扇谷・中村，2008）．一方，まれに単一種が水系内の広域に分布するようなことも知られている．このような河川流程の広域に分布している種を対象に分子系統解析を実施した研究では，**隠蔽種**（cryptic species：形態形質では識別できないものの，遺伝的に分化し，別種として振るまっている種）が内包されている事例も多く報告されてきた．たとえば，チラカゲロウや，キイロヒラタカゲロウでは流程ごとに系統分化が報告されている（扇谷・中村，2008; Saito and Tojo, 2016; Takenaka et al., 2023）．

　実際の河川においては，これまで説明してきたような連続的な環境変化ばかりではない．寒冷地や乾燥地域の河川では陸域からの有機物の供給様態が大き

く異なっていたり，温帯域でもダムや堰などにより連続性が失われている場合がある．ダムなどの横断構造物は，有機物の流下や遡上において大きな影響を与える．また，河川同士の合流が不連続的変化をもたらすこともある．

　生物の流程分布パターンについて例示したモンカゲロウ属の流程分布を調べた研究では，岡山県の旭川水系において明瞭な流程分布が観察されたが，例外的に上流域（湯原ダムの上流）から，本来は下流域に多いトウヨウモンカゲロウが多く採集された．水系内の上流部に位置するものの，生息地の環境調査からは実質的には下流域のような環境であると評価され，ダム建設により下流域のような開放的な生息場所が形成されたためと考察されている（Okamoto et al., 2022）．同様の傾向は，チラケゲロウ種内の2系統の分布からも示されている．このような不連続性は「不連続系仮説」として知られ，河川横断物だけでなく，支流の流入や砂州の形成など地形の影響による勾配や流速，流量の変化などによっても生じる（Benda et al., 2004に詳しい）．また，日本のように四季の気候変化による季節的渇水によって一時的に表流水がなくなる間欠河川においても生息場所の分断は生じ，水生生物の群集構造を決定するうえでの重要な要素の1つであるといえる．

4.6　河川の合流が生み出す不連続性

　河川連続体仮説では，上流−下流方向（縦断方向）での「線」的なつながりに着目してきた．水系は，多くの支流が合流し合いながら大きな樹状ネットワークを構成しているため，ここでは，河川同士の合流と河川環境の連続性について着目してみる．

　規模の大きな支流同士（あるいは本流に規模の大きな支流）が合流する場合，合流点の上流側と下流側では環境が大きく異なることがある．これは，合流する河川から土砂や有機物が供給されるためである．合流点では，水温や水質が異なる河川水や，異なる河床材料などが運ばれてくるだけでなく，合流する河川による浸食や堆積により，合流点の河床勾配の変化や砂州などの地形が形成されることがある．たとえば，山間部を流れる河川からはサイズの大きな礫が供給されるため，下流域であっても山間部が近い支流との合流は，環境の変化や生

物群集の変化をもたらすことがある．また，合流河川における大きな河床勾配や，速く運搬力の大きな流れは，合流地点までは物質が運ばれやすい状態をとるが，合流により河床勾配をはじめとする環境は大きく異なるため，FPOM などの有機物が堆積しやすくなり，破砕食者であるトビケラ類の個体数が増加することなども知られている（Storey et al., 1991; Cellot et al., 1996）．また，支流の規模が大きければ，本流に与える影響も大きくなることが知られ（Rhoads, 1987; Benda et al., 2004），河川同士が合流する角度によっても受ける影響は大きく異なる．

　Uno and Power（2015）は，アメリカの河川において，河川本流に生息しているマダラカゲロウの幼虫が羽化後に（幼虫が分布していない）小さな支流へ遡上して産卵する行動を観察した．これは，本流から支流の河畔林への資源の移動を意味し，支流に生息する捕食者の成長を促進することを示した．類似した例として，日本のモンカゲロウやチラカゲロウにおいても幼虫が生息していない小さな支流への成虫の遡上飛行や産卵行動を観察している．また，イワナなどのサケ科魚類は産卵時に細い支流を遡上するなど，支流から本流への流下による資源の移動だけでなく，本流から支流方向の資源の移動も河川生態系の連続性においては重要な要素である．

4.7　横断方向：流心から河岸，陸域への環境勾配と連続性

　次に，縦断方向（上流–下流）だけでなく，河川の横断方向のつながりも重要な要素である．河道の中心（流心）の深く速い流れから河岸へと向かうにつれて水深は浅く，流速は低下する．中下流域ではワンドやたまりなどが形成され，さらに氾濫原も含め，陸域へとつながる横断方向の連続性も河川生態系においては重要な視点である．このような横断方向の環境変化に伴い，水生生物の種構成も変化する．張ほか（2010）は北海道の群別川において，シマトビケラ類やヒラタカゲロウ類，マダラカゲロウ類などにおける横断方向の環境変化による微生息場所選好性を示している．しかし，河川の横断方向の微生息場所間における種の分布パターンについては未だに十分に理解されていない．陸域と水域との間にはエコトーンを介しながら，陸域から河川に向けて湿性植物や抽水

植物，沈水植物など様々な植物体がみられ，このような移行帯（エコトーン）も，豊かな生態系を形成している．

　河川内において陸域から供給されたCPOMが破砕食者により捕食され，FPOMに分解されたり，捕食–被食関係や，排泄物を通して物質が循環している（図4.4）．また，生物に関しても，河川の横断方向のつながりについては河川連続体仮説の中でも触れられており，河川と隣接する陸域との関連が注目されてきた（図4.4）．河川の生物集団を理解するためには，河川内の上流–下流方向のつながりだけでなく，各流程における水域–陸域のつながりを理解することも重要である．河川生物にとって，陸域起源の資源（異地性資源）供給の重要性，すなわち隣接する陸域の生態系との間に強いつながりがあることはすでに述べてきた．Vannote et al.（1980）は，水域–陸域とのつながりに着目し，光合成による一次生産量に影響する藻類や，陸域からの落葉などの有機物（異地性資源）の流入量，より上流部からの流下有機物量のバランスが，流程に沿って変容することを概念化した．上流域では樹木が河川沿いにあるために，陸域からの落ち葉などが流入することでCPOMとして河川内にエネルギーが供給される（Baxter et al., 2005）．

　陸域から河川へ供給される陸生昆虫が河川に生息する渓流魚の餌資源になることや（Kawaguchi and Nakano, 2001；図4.4），イワナやアマゴなどのサケ科魚類は，隣接する陸域から河川に落ちてくる陸生昆虫を好んで摂食し，陸生昆虫が持続的に供給されることで，水生昆虫やヨコエビなどの底生生物をあまり捕食しなくなる．その結果，河川内の底生生物の個体数が多く維持され，河川内の有機物の分解速度が高まる．また，河川に落下する陸生昆虫量を人為的に操作した調査・研究から，サケ科魚類の成長量が増減するなど，陸生昆虫などの陸域からの河川内へのエネルギー資源の流入は，河川生態系に大きな影響を与えることが明らかになっている（図4.4；Sato et al., 2012, 2021; Tanaka, 2023）．当然，逆方向の傾向も知られる．河川由来の水生昆虫が羽化することで，河川由来の有機物が陸上に運ばれることなども，水域–陸域における密接したつながりの1つである．羽化した水生昆虫の成虫が河川沿いの捕食動物にとって重要である．たとえば，モンカゲロウやチラカゲロウは，羽化と同時にトリやクモ，コウモリの捕食圧に晒される．また，諸説あるが，オオシロカゲ

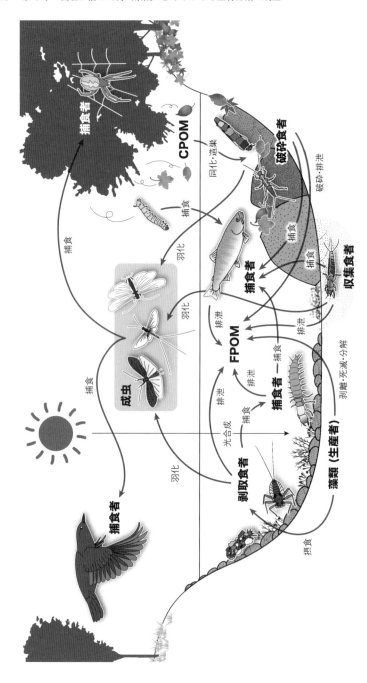

図 4.4　河川の横断方向のつながりと水域–陸域のつながりにおける生物の食物網と物質循環
河川の流程ごとの横断方向の関係も河川生態系を理解するうえで重要である.

ロウは，捕食者からの避けるために，捕食され尽くせない量の個体が一斉に羽
化することも報告されている（図 4.4；関根ほか，2020）．

4.8　垂直方向：地下水，表流水，そして河川上空のつながり

　ここまで，河川や水系における縦断方向そして横断方向のつながりに注目し
てきたが，表流水に加えて，河床下部（**河床間隙水**や地下水）だけでなく，そし
て河川上空まで含めた垂直方向のつながりも忘れてはいけない（図 4.1）．河床
下部の生態系については目視できないエリアであるため，これまで見過ごされ
てきたが，河川生態系においては重要な場であることが明らかとなりつつある．
　第 1 章でも紹介したように，北海道の札内川で実施された水生昆虫の研究で
は，定期的なマレーズトラップによる成虫の調査と，定期的な表流水と河床間隙
水それぞれからでの幼虫の調査が実施された．これらの比較により，季節によっ
ては河床下部の現存量の方が多いことが明示された（根岸ほか，2020; Negishi
et al., 2022）．この研究は，重機を用いて河床下部まで掘削するような大々的
な調査が実施された先駆的なものであるが，今後ますます河床下部への注目が
高まるものと考えられる．上空方向に関して，羽化した成虫が陸域へと移動し，
陸域の捕食者や鳥類などの空中の捕食者とのつながりも含め，垂直方向の視点
も河川生態系の理解においては不可避である．

4.9　人間活動との関係性：気候変動による洪水頻度や規模の変化

　河川などの陸水域へ及ぼす人間の影響は驚異的である．利用可能な陸水の半分
以上がすでに利用されており，今後も需要は増加すると予測されている（Jackson
et al., 2001）．また，人間活動において，ダムや堰などの河川横断構造物は洪水
の緩和や水資源の確保，水力の提供（発電）など，重要な利益を与える一方で，
自然の流れのパターンを変える．物理的な障壁は堆積物をトラップし，温度パ
ターンを変え，生物の移動や分散を制限するなど，生態学的なデメリットも多
く示されている．生態系に与える影響は，ダムのサイズや形態，水系内の位置，
目的，運用の仕方により様々であり，またダムからの放流様式に関しても，表

層からか，底層からか，もしくはその両方からの放水かによって，影響は大きく変わる．アメリカでは古いダムの撤去が数多く報告されており，日本国内でも球磨川の荒瀬ダム（熊本県）の撤去が初めての事例である．若井（2014）によると，ダム撤去後に河川環境が改善され，ダム堤の上流側（かつての湛水域）では瀬環境が再生され，流水環境が連続的につながったことにより，海からのアユ遡上も報告されている．

　一方，ダムが作り出す生態系の変化も知られている．降海型魚類であるサツキマスやサクラマスでは，海洋で成長する個体は河川残留型（それぞれアマゴ，ヤマメと呼ばれる）よりも大きく成長するが，ダム湖へ流下し，プランクトン食へと生態を変化させることで降海型とほぼ同じサイズにまで成長する湖沼型が知られる．河川と海のつながりが絶たれた中，人工的なダム湖を利用することにより，降海型のようなスモルト化（銀化，海水適応したサケ科魚類にみられる体色の銀化現象）が生じる．こうした現象が，河川生態系においてどのような効果があるのかはわかっていないが，興味深い．またイワナでは，砂防ダムなどの上流部にのみ，放流による遺伝子汚染から回避された在来集団が残存していることが報告されており，貴重な自然集団の維持に貢献している側面もある．

　現代の多くの河川では，河川工事により河道や河岸が固定されてきた．特に河道が蛇行しがちとなる自然堤防帯では，河道の直線化が図られてきたため，流路の変化は起こり難く，氾濫頻度も減少してきた．かつての河川の流路は変化に富み，周囲には氾濫原が広がっていた．本来ならば氾濫時に河川の外側（堤内地側）に流出していた土砂が河川内にとどまることで，河床が上昇し，併せて水面も上昇することで，甚大な災害につながることもある．近年では，季節的な増水時に氾濫を誘導し，定期的に河川内の土砂を流出させる**遊水池**を整備することで，大きな災害を防ぐとともに，氾濫原を再生することで湿地を生息場所とする生物の保全や管理を行うことが効果的あると考えられ，一部では**流域治水**としての概念も浸透・拡大しつつある．

第5章
河川の水質・現存量

河川の水質は河川生態系における重要な要素の1つである．たとえば，河川水中の栄養塩は，水や二酸化炭素とともに生物の増殖・成長にとって必要な化学物質であり，河川生態系の生産性を規定する重要な要素である．また，生物の光合成や呼吸により，水中の溶存酸素濃度は大きく変動する．このような環境と生物の相互作用を理解するため，河川水質の変動や河川生態系を構成する**現存量**（生物量）の把握が欠かせない．本章では，河川の水質と河川生態系での一次生産者である付着藻類量の計測法，および河川生態系でのエネルギー流に関わる炭素循環の計測法について解説する．河川生態系は，河床の付着藻類と集水域から流入する植物片に含まれる有機物をエネルギー源とし，様々な捕食−被食関係が成り立っている．河川水中の有機物（炭素）の量や起源を解明することは，個々の河川生態系の成り立ちを理解するのに役立つ．

5.1 河川の水質

河川の水質は河川生態系を規定する環境要因の1つであり，時には河川生態系の営みに応じ変動する．ここでは，河川生態系を理解するうえで重要な環境要因としての水質の計測について解説する．河川の水質には，現場での計測によって得られる情報と，持ち帰った試料の分析によって得られる情報がある．

5.1.1 現地調査と試料採取（水温・溶存酸素・pH・電気伝導度）

河川環境を正確に把握するためには，調査河川や調査地点を代表する情報を得る必要がある．調査地点が定まっていない場合，現地で適切な調査地点・試料採取場所を見出す必要がある．また，生物活動に大きく影響するような環境要因については試料採取とともに観測しておく必要がある．

　河川水質（化学成分）の代表値を得るためには，水質観測や試料採取を河川の流心（一番流れの速い部分）で行うのが好ましい．河岸からでも計器を用いた観測や河川水の採取は可能であるが，支流からの流入水や地下水の湧出などの影響により，岸際の水質は流心とは異なる場合があるので注意が必要である．支流からの流入水は河岸に沿って流れるため，容易に本川の水と均一化しない．なお，水質の均一性は，両岸および流心で水温や**電気伝導度**（electric conductivity: **EC**）を計測することで確認できる．

　水温や天候は水生生物の活動に大きな影響を及ぼすので，調査時の水温や天候の記録は重要である．また，河川の水温は日変動するため，観測・採取時刻の記録は必須である．一方，**溶存酸素濃度**（dissolved oxygen: **DO**）や**pH**（**水素イオン濃度指数**）は，光合成や呼吸といった生物活動によって変動するため，現地で計測をしておくと，河川生態系の様子を推察することができる（たとえば，pH が塩基性であれば水中で光合成が活発に行われている）．さらに，水深や流速，河床材料といった物理的な生息環境の計測，それらに大きく関わる気象イベントについても情報を整理しておくと，観測地点や調査日の特徴を理解しやすい．

　浅い河川であれば河川に入り，流心での観測や試料の採取も可能であるが，河岸に近づくのが危険な河川や水深が大きな河川では，橋の上からひも付きバケツなどの採水器具を用いて河川水を採取する．採取した河川水をビーカーなどに移し，水温，電気伝導度，pH，溶存酸素などを計測する．pH 計のガラス電極からは塩化カリウムが溶出するので，pH の計測は最後に行う．また，同様の理由から，水質計測に用いた河川水は化学分析用には適さないため，別途，採取した河川水をポリビンなど分析項目に合わせた適切な容器に移して持ち帰る．水質（化学成分）のなかには，水温上昇により化学変化しやすいものもあるため，試料水を保冷剤入りのクーラーボックスなどに入れて運搬する．また，持ち帰った試料水は速やかに前処理や分析をするか，分析まで適切な環境（冷暗所・冷凍など）で保存する．

5.1.2　河川水中の栄養塩

　窒素（nitrogen）や**リン**（phosphorus）は，生物に共通する代表的な栄養塩

であり，いずれかが生物増殖の**制限要因**（limiting factor）となっていることが多い．水中で水生生物が利用可能な無機態の窒素もしくはリンが増えると，現存量が増大する．自然由来の窒素やリンに加え，人間活動に伴う窒素やリンによる環境負荷の増大は，水域での**富栄養化**（eutrophication）を引き起こす．一方，火山性岩石由来の**ケイ素**（silicon）は，河川での重要な一次生産者である珪藻のガラス質の殻の原料である．ケイ素も栄養塩の1つであり，ダム湖などの止水域で珪藻が増えると，下流域にケイ素が供給されず，河川水中での珪藻の増殖が制限される．このような状態は「ケイ素欠損仮説」と呼ばれ，世界的に注目されている．

　窒素やリン，ケイ素は，いずれも水に溶けている**溶存態**（dissolved）と水中を浮遊している**懸濁態**（particulate），無機化合物の**無機態**（inorganic）と有機化合物として存在する**有機態**（organic）といった異なる形態をもつ．懸濁態の定量は懸濁物質を集めて分析することも可能であるが，河川水の原液とろ液の分析値の差分として求めることもできる．溶存態の栄養塩と懸濁態の栄養塩では，その意味するところが異なる．溶存態，特に無機態の栄養塩は一次生産者が利用（**同化**：assimilation）可能な栄養塩であるのに対し，懸濁態の栄養塩は生物に取り込まれ同化されたものであることが多い．また，生物によって同化された有機態の栄養塩は細菌類（分解者）によって無機化され，再び一次生産者に利用される．

　ここからは，いくつかの栄養塩の計測方法について述べる．計測には河川水そのままの原液，もしくはろ液が必要となる．ろ液は，河川水をガラス繊維ろ紙（たとえば，Whatman, GF/C）もしくはメンブレンフィルターでろ過して得る．この際，分析項目によって使用するろ紙は異なるので，何を用いたのか記録を残す必要がある．また，水質の異なる河川水を繰り返しろ過し，それぞれのろ液を得るときは，器具の洗浄や共洗いを十分に行い，試料間の汚染を防ぐことが重要である．

　溶存態無機窒素（dissolved inorganic nitrogen: DIN）には，**アンモニア態窒素**（ammonia nitrogen: NH_4^+-N）や**亜硝酸態窒素**（nitrite nitrogen: NO_2^--N），**硝酸態窒素**（nitrate nitrogen: NO_3^--N）の3種類があり，**溶存態有機窒**

素（dissolved organic nitrogen: DON）と合わせ，**溶存態全窒素**（dissolved total nitrogen: DTN）と呼ばれる．これらに**懸濁態全窒素**（particulate total nitrogen: PTN）を加えたものが**全窒素**（total nitrogen: TN）となる．各態の窒素濃度の計測は，以下の通りである．アンモニア態窒素は，試料水のろ液を試水とし，インドフェノール法で定量する．亜硝酸態窒素は，同じくろ液を試水とし，ナフチルエチレンジアミン吸光光度法で定量する．硝酸態窒素はイオンクロマトグラフで定量する．アンモニア態窒素や亜硝酸態窒素もイオンクロマトグラフで定量できるが，上記の吸光光度計を用いた分析法に比べると感度が低く，河川水などの濃度が低い環境水の分析には不向きである．好気的な環境下では，アンモニウムイオンや亜硝酸イオンは，硝化細菌によって容易に硝酸イオンに酸化されるためである．河川水からアンモニア態窒素や亜硝酸態窒素が検出された場合には，河川水中での酸素消費量が多く嫌気的な環境になっている可能性や，硝化が十分に進んでいない下水などの流入が疑われる．

　溶存態全窒素は試料水のろ液を，全窒素は試料水の原液を，それぞれペルオキソ二硫酸カリウム分解–紫外線吸光光度法で定量する．そして，全窒素から溶存態全窒素を差し引くことで，懸濁態の窒素（懸濁態有機窒素）を求めることができる．また，溶存態全窒素と無機態窒素の差分が，溶存態有機窒素となる．つまり，$\mathrm{TN} = \mathrm{PTN} + \mathrm{DTN}$, $\mathrm{DTN} = \mathrm{DON} + \mathrm{DIN}$, $\mathrm{DIN} = \mathrm{NH_4^+\text{-}N} + \mathrm{NO_2^-\text{-}N} + \mathrm{NO_3^-\text{-}N}$ である．

　リン化合物は窒素化合物に比べ水溶性に乏しく，懸濁態で存在しているものの割合が高い．**無機溶存態リン**（dissolved inorganic phosphorus: DIP）は**反応性リン**（reactive phosphates: RP）あるいはオルトリン酸態リンとも呼ばれ，モリブデン青（アスコルビン酸還元）吸光光度法で計測する．無機溶存態リンはイオンクロマトグラフでも定量できるが，感度の高い吸光光度法の方が河川水の分析には適している．**溶存態全リン**（dissolved total phosphorus: DTP）は試料水ろ液，**全リン**（total phosphorus: TP）は試料水の原液を，それぞれペルオキソ二硫酸カリウム分解–モリブデン青（アスコルビン酸還元）吸光光度法で定量する．そして，全リンから溶存態全リンを差し引くことで，懸濁態のリン（懸濁態有機リン：particulate total phosphorus: PTP）を求めることが

できる．また，溶存態全リンと無機溶存態リンの差分が，溶存態有機リンとなる．つまり TP = PTP + DTP，DTP = DOP + DIP である．

ケイ素は岩石を構成する主要な元素でもあり，水中の懸濁態ケイ素は岩石に由来するものと珪藻など生物に由来するものから構成されている．ここでは，栄養塩として生物が利用する溶存態のケイ素（ここではケイ酸：SiO_2，すなわちDSi）についてのみ解説する．ケイ酸は試料水を冷凍するとその形態が変化し，低めの定量結果が得られることが知られている．そこで，ケイ素分析用の試料水は冷蔵保存するのが好ましい．また，ケイ素はガラス器具から溶出するため，前処理や分析操作ではガラス製の器具の使用を避けるか，空試験を行い，ケイ素の溶出量を明らかにしておく必要がある．河川水中の溶存態のケイ素は，モリブデン黄吸光光度法で計測する（2〜20 mg/L）．ケイ素濃度が低い場合（0.2〜2 mg/L）はモリブデン青吸光光度法で計測することができる．その他，ICP（inductively coupled plasma）発光分析法もケイ素分析に使用される．

分析の一例として，千曲川中流域（長野県上田市）における栄養塩濃度の季節変化（2021 年）を図 5.1 と図 5.2 に示す．図 5.1 には，全窒素（TN）および全リン（TP）濃度を，図 5.2 には溶存態無機窒素（DIN）・リン（RP）・ケイ素（DSi）濃度を示した．図 5.1 と後に示す図 5.3 から，水中の**懸濁物質**（suspended solid: SS）が多くなると全窒素・全リンが増えることが読み取れる．また，図 5.2 か

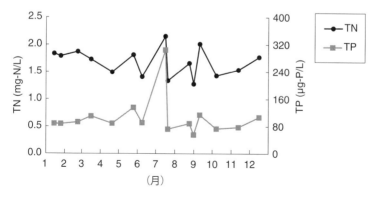

図 5.1　千曲川中流域（上田）における全窒素（TN）および全リン（TP）の変動（2021 年）
TN: total nitrogen, TP: total phosphorus.

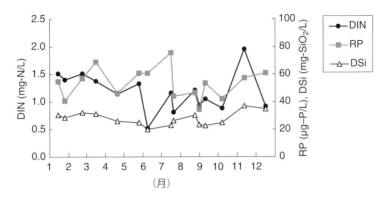

図 5.2　千曲川中流域（上田）における溶存態無機栄養塩の変動（2021 年）
DIN：溶存態無機窒素，RP：反応性リン，DSi：溶存態のケイ素．

らは，千曲川中流域では生物が利用可能な窒素・リン・ケイ素濃度が富栄養湖
である諏訪湖と比べ高く，十分な栄養塩が存在していることがわかる．

5.1.3　河川水中の有機物・クロロフィル

　河川におけるエネルギー流を把握するためには，光合成の生成物である有機
物量を計測する必要がある．水中の有機物も，栄養塩と同様に溶存態と懸濁態
に分けられる．このうち溶存態の有機物は，一次生産者が分泌するものや，微
生物による懸濁態有機物の分解の際に生じるものがある．一方，懸濁態の有機
物は，河川水中で生産された付着藻類や，堤外地や上流集水域の陸上植物に由
来するものによって構成される．

　先の栄養塩と同様，河川水をろ過することで，溶存態の有機物と懸濁態の有機
物に分けることができる．このうち，**溶存態有機物**は DOM（dissolved organic
matter）とも呼ばれ，河川水のろ液を有機炭素計（たとえば，島津製作所 TOC-L）
で分析することで，**溶存態有機炭素**（dissolved organic carbon：**DOC**）とし
て，その濃度が得られる（コラム 5.1 を参照）．

　一方，有機懸濁物質は粒径から，**粗粒状有機物**（coarse particulate organic
matter：**CPOM**，1 mm 以上）と**細粒状有機物**（fine particulate organic matter：
FPOM，1 mm 未満）に大別される（コラム 5.1）．一般に CPOM は陸上植物
の破砕や分解によって生じるものであり，FPOM には陸上植物由来の有機物に

加え，河川水中の付着藻類や DOM が凝集したものも含まれている．懸濁態の有機物は，メッシュサイズの異なるハンドネット（たとえば 1 mm と 1 μm）を重ね，河川水を通水することで CPOM や FPOM を採取する．あるいは，持ち帰った試料水をメッシュサイズの異なる金属ふるいに通し，CPOM と FPOM に分画することもできる．懸濁物質をさらに細かく分けるときは，用いるハンドネットやふるいの数を増やす．微細な粒子（たとえば 1 μm 以下）は，ネットやふるいでの捕捉が難しく，ろ過によって多量に得るには時間を要するため，多量の試料水を静置し，容器内に沈殿したものを遠心分離して集める．得られた懸濁物質は乾燥させ，有機元素分析計（たとえば Thermo Fisher Scientific 社 Flash*Smart* NC）で分析すれば懸濁物質中の炭素含有量を知ることができる．ただし，懸濁物質には炭酸塩（無機態の炭素）が含まれているので，その有機物含有量を計測する際は，分析前に塩酸処理し炭酸塩を取り除く必要がある．また，水中の有機懸濁物質濃度が必要であれば，ネットやふるいへの通水量を記録しておき，得られた懸濁態の有機物量を除して求める．

　有機炭素計で河川水原液を分析すれば，河川水中の全有機炭素濃度が得られ，全有機炭素と溶存態有機炭素（DOC）の差分から懸濁態有機炭素濃度（POC）を求めることができる．しかし，河川水中の懸濁物質は沈殿しやすく，分析時に懸濁物質を均一に分散させ分析機器に導入する工夫が必要となる．

　一方，水中の**懸濁物質**（SS）は，JIS では「2 mm のふるいを通過し 1 μm のろ過材上に残留する物質」と定義されている．通常，河川水をガラス繊維ろ紙でろ過し，ガラス繊維ろ紙の重量変化から懸濁物質濃度を算出することができる．この懸濁物質を構成する有機物量の目安として，**VSS**（volatile suspended solids）が計測される．これは，懸濁物質を強熱したときに揮発する物質であるため，試料水をろ過したガラス繊維ろ紙ごと懸濁物質を強熱しその減少量から算出できる．なお，懸濁物質濃度計測用のガラス繊維ろ紙は，あらかじめ強熱し，夾雑物質を取り除いておく必要がある．

　水中の**クロロフィル色素**（chlorophyll）は河川水中の付着藻類に由来するため，水中懸濁物質のクロロフィル濃度から付着藻類の現存量の変化を推察することができる．クロロフィル濃度は，河川水をガラス繊維ろ紙でろ過し，ろ紙をエタノールなどの有機溶媒で抽出し，特定の波長の吸光度を吸光光度計で計測

することで求められる．クロロフィルは空気酸化を受け分解しやすいため，ろ過後は放置せず，速やかにエタノールなどに浸し暗所で静置する．定量に用いる波長の違いにより，マーカー法（クロロフィル a），ユネスコ法（クロロフィル a, b, c），ロレンツェン法（クロロフィル a とその分解物であるフェオ色素）がある．クロロフィル色素を種別に正確に定量する場合は，**高速液体クロマトグラフ**（High Performance Liquid Chromatography: HPLC）を用いる．また，色素特有の蛍光を用いると高感度で計測できる．

　一例として，千曲川中流域（上田市）における懸濁物質（SS）とクロロフィル a（Chl. a）濃度の季節変化（2021年）を図5.3に示す．必ずしも，SS と Chl. a 濃度は同期せず，それらの起源が異なることがわかる．水質分析についてさらに詳しく知りたい読者は，西條・三田村（2000）もしくは，国土交通省ホームページを参照されたい．

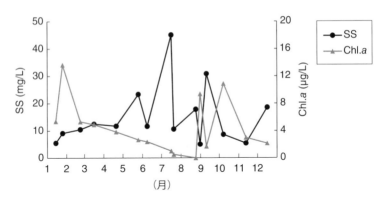

図5.3　千曲川中流域（上田）における水中の懸濁物質（SS）とクロロフィル a（Chl. a）の変動（2021年）

コラム 5.1

水中に存在する物質

　Wotton（1994）は，水系中に存在する物質の概要を図のようにまとめている．水中の物質は有機物と無機物に分類でき，無機物は，**粒状無機物**（particulate inorganic matter: PIM）と，**溶存態無機物**（dissolved inorganic matter: DIM）に分類できる．一方，有機物は生きているものと死んでいるものに分けられ，生

きているものについては，生物の分類学的な区分で検索表をもとにプランクトン，付着藻類，底生動物，魚類などのように分類される．一方，死んでいるものについては，その粒子の大きさで分類される．**粒状有機物**（particulate organic matter: POM）で 1 mm より大きなものは**粗粒状有機物**（coarse particulate organic matter: CPOM），1 mm よりも小さく 0.45 μm より大きな粒子を**細粒状有機物**（fine particulate organic matter: FPOM）に区分される．さらに，0.45 μm より小さなものは**溶存態有機物**（dissolve organic matter: DOM）という．また，河川内の POM の存在状態に注目すると，河川を浮遊しているものを**懸濁態有機物**（suspended POM：SPOM），河床に堆積しているものを**堆積粒状有機物**（benthic POM：BPOM）とすることもある（竹門ほか，2006）．同様に，PIM についても**懸濁態無機物**（particulate inorganic matter: PIM），**溶存態無機物**（dissolved inorganic matter: DIM）という言い方もある．

また，物質（matter）を炭素（carbon）に換算したものを，**粒状無機炭素**（particulate inorganic carbon: PIC），**溶存態無機炭素**（dissolved inorganic carbon: DIC），**粒状有機炭素**（particulate organic carbon: POC），**溶存態有機炭素**（dissolved organic carbon: DOC）という．

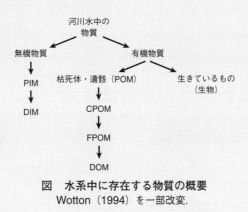

図　水系中に存在する物質の概要
Wotton（1994）を一部改変．

5.2　河川の現存量（付着藻類）

ここでは，河床の**付着藻類**（periphyton）の現存量について述べる．河川水や付着物中の細菌類，水生昆虫や魚類については，第 13 章を参照されたい．

5.2.1　付着藻類

　河川中流域での主たる一次生産者は付着藻類である．付着藻類は剥取食者（grazer）と呼ばれる水生昆虫の主要な餌資源である．河川連続体仮説によれば，上流域は河畔に生い茂る樹木のため河床に光が届きにくく，下流域は水深が深くなるため，付着藻類の現存量は中流域に比べ少なくなる．これに伴い，流域によって生存する水生昆虫の食性・種類は異なり，その多寡は付着藻類の現存量に影響する．

　また，付着藻類の現存量は，水温や栄養塩といった藻類の増殖に応じ変動するが，出水イベントや藻類マットの発達による剥離，水生昆虫などの摂食によっても大きく変動する．付着藻類の現存量を把握することは，河川水中の一次生産そのものだけでなく，二次生産者へのエネルギー流をも知ることとなり，河川の生産性を理解する基礎となる．

　河川の瀬・淵構造により，流速や水深（光環境）が場所によって異なるため，河床での付着藻の分布は不均一になる．定点を定めても，水位や流速は一定でなく，その環境は安定しない．河岸に近いところは，水位低下により干上がることもある．そのため，岸からある程度（沖野，2006によると5m）離れた河床で分析用の試料を採取する必要がある．その際，どのようなところで試料を採取したのかわかるよう流速や水深を記録する．

　付着藻類が生息する基体となる河床材料は，必ずしも拾い上げやすい礫ばかりで構成されるとは限らず，砂泥，岩の場合もある．砂礫の場合は，コアサンプルもしくはシャーレを用いて，表層堆積物を採取する．岩の場合は，一定面積をアクリル繊維でこすり取ることで付着物を採取することができる（後藤ほか，2019）．ここでは，礫表面に付着した藻類量の計測について解説する．河床から石礫を拾い上げ，一定区画（たとえば5cm×5cm）の付着物をこすり取り，付着藻類の懸濁液として持ち帰る．あるいは，石礫そのものを持ち帰り，実験室内でこすり取る．通常，これら懸濁液のクロロフィル濃度から単位面積当たりのクロロフィルa量を算出し，付着藻類の現存量として表すことが多い．付着物質のクロロフィルa，乾燥重量および炭素含有量の計測方法については，上

記 5.1.3 項の SS や有機炭素の分析方法を参照されたい.

　一例として，千曲川中流域（上田市・古舟橋，長野市・岩野橋）における付着藻類現存量の季節変化（2021 年）を図 5.4 に示す．増水により 8 月・9 月の観測はできなかったが，図 5.3 で夏季に水中のクロロフィル a 濃度が低いことから，この間付着藻類の現存量は低下していたものと思われる．また，出水による水位変動が少ない冬季に付着藻類の現存量が多くなる傾向が認められる.

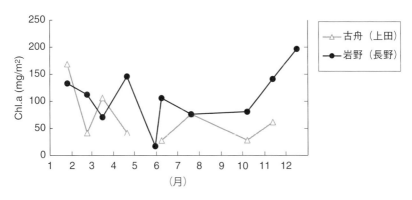

図 5.4　千曲川中流域における付着藻類現存量の変動（2021 年）

5.2.2　流下懸濁物質の起源

　河川水中の懸濁物質はろ過食者とよばれる水生昆虫の重要な餌資源である．流下懸濁物質の採取方法やその成分の分析法は 5.1.3 項を参照されたい．また，懸濁物質中の窒素含有量については，有機元素分析計によって分析することができる．5.1.3 項で述べた通り，懸濁物質は陸上植物と付着藻類由来の有機物の混合物である．この懸濁物質の起源を知ることは，水生昆虫から魚類へとつながる河川生態系のエネルギー流を理解することになる.

　一般に，陸上植物と付着藻類では，有機物の**炭素安定同位体比**が異なることが知られている．したがって，それらを端成分として，流下懸濁物質の炭素安定同位体比を比較すれば，流下懸濁物質を構成する有機物の起源を知ることができる．陸上植物の炭素安定同位体比はほぼ一定であるが，付着藻類は生息環境（マットの厚さ・流速）によって炭酸の取り込みが変化する（炭素制限）．し

たがって，起源解析を行う際は，現場の付着藻類の炭素安定同位体比の季節変動やデータのばらつきを同時に調べる必要がある．

炭素安定同位体比の計測は，有機元素分析計と連結した質量分析計によって行われる．炭素安定同位体比の標準物質として，炭素では PDB（サウスカロライナ州 Peedee 層産ベレムナイト化石）が用いられ，試料（^{13}C と ^{12}C の比）と標準物質（^{13}C と ^{12}C の比）との偏差（δ 値で表され，単位は‰：パーミル，1,000 分率）を求める．流下懸濁物質の起源解析の実例は 13.2 節で詳しく解説する．

第6章
河川における生息場所の特徴：
高い撹乱頻度と動的安定性

　河川環境が陸域環境と異なる点の1つとして，撹乱の多い動的な環境であることが挙げられる．河川の流量は季節的な変動はもちろん，台風などに起因する一時的な降水量の増加によっても大きく変動する．これらによって引き起こされる河川流量の変化は栄養物質の供給や**生息場所**（ハビタット：habitat）の環境にも影響し，国内外を問わず数多くの事例が報告されてきた．一方で，頻繁な撹乱に晒されているにもかかわらず，河川に生息する生物の群集構造は維持され続けている．河川生態系は，撹乱による生物群集の崩壊と回復を繰り返しながらも，一定の安定性を維持する興味深い研究対象である．

　本章では，河川生態系がいかなる撹乱に晒されているか，撹乱が河川の生物群集に与える影響について述べる．そのうえで，河川の生物が撹乱の多い環境下で，いかにして群集構造や種多様性を維持しているのかについても言及する．

6.1　河川生態系にみられる撹乱

　河川環境にみられる撹乱は，季節的な気温の変化，病原菌の発生，河川の崩落，降水量・河川流量の増加による生息場所の破壊など，様々な要因が考えられる．たとえば日本列島では融雪洪水や梅雨の増水などのように，河川では定期的な撹乱が予測されるため，撹乱が生物に与える影響を検討するうえで適した環境である（崎尾・松澤，2016）．河川の水文学的な性質は日から年レベルの変化まで幅広く知られており，撹乱の頻度や規模も変化に富んでいる（Richter et al., 1996）．たとえば礫間の乱流による撹乱といった常に起きうる撹乱，水位や水質の日レベルの変化による撹乱，季節的な降水量の変化のような月レベルの変化による撹乱，まれに起こる大規模洪水を引き起こすような撹乱など，多種多様な頻度と規模の撹乱が起きている．

　河川環境における撹乱は数多く想定できるが，撹乱の要素を大別すると，河川がおかれている環境がどれだけ厳しいか，どれだけの頻度で撹乱が起きるか，といった 2 つの要素に分けることができる（Peckarsky, 1983）．この研究によれば，環境の厳しさは，たとえば永続的な気温の低さや大きく酸性に傾いた水質といった恒常的な要素であるのに対し，撹乱の頻度では，ある環境において一定の期間内に引き起こされた大きな変動の回数が想定され，これらはそれぞれ独立した要素である．厳しい環境下では，そのような環境にも適応しうるごく限られた少数の種が生息する傾向にあり，種の入れ替わりは起こりにくく，群集構造は比較的均一となる．撹乱の頻度が多い環境下では種多様性が高く，種の入れ替わりが頻繁に起こる．ほかにも，種間競争をはじめとした種間相互作用は地域の種多様性を減少させるように機能し，撹乱の少ない安定的な環境下では種間競争に強い特定の種が優占する．逆に，撹乱が頻繁に起こる環境下では撹乱後に急速に個体数を回復できるような，撹乱に強い種が優占する．そして，中程度の撹乱は種間相互作用の効果が適度に抑えられ，種多様性が高まるような機能を果たす．中程度の撹乱が種多様性を最も高くするという仮説は**中規模撹乱仮説**（intermediate disturbance hypothesis）と呼ばれ，熱帯林での研究事例に基づいて提唱された（Connell, 1978）．

6.2　撹乱による生物群集の変化

6.2.1　流量の増加および洪水による影響

　河川生態学において，洪水は群集構造を形成する主要な要因の 1 つと考えられてきた．たとえば日本列島において頻繁にみられる撹乱としては，融雪や降雨などによる季節的な増水，台風などによる急速かつ大規模な洪水などが挙げられる．このような一定の規則性を伴い発生するような撹乱は，**撹乱体制**（disturbance regime）と呼ばれる．河川生物に対する撹乱の評価には，複数の水文指標が提案されている．Richter et al. (1996) は流量・撹乱レジームを規模（magnitude），頻度（frequency），持続時間（duration），タイミング（timing），変化率（rate of change）の 5 要素でまとめた．このような野外での調査・評価はもちろん，

メソコスム（mesocosm）と呼ばれる自然下にある生態系を人工的に再現したようなある一定規模の人工環境を利用した研究など，多種多様な手法を活用しながら事例的知見が蓄積されることで，撹乱による生物群集への影響が検討されてきた（Haghkerdar et al., 2019）．この研究によれば，撹乱の影響は分類群ごとに異なるものの，群集全体としては撹乱の応答に規則性がみられる．

　季節的な変動による月レベルの撹乱として，北米の砂漠を流れる河川を対象とした Fisher et al.（1982）の事例を紹介する．この研究では，晩夏に起きた洪水から 60 日後に次の洪水が起きるまで，生物群集の回復が観察された．晩夏の洪水によって，藻類および無脊椎動物の現存量が 100%近く減少したものの，礫表面の藻類は急速に回復していた（図 6.1）．また藻類相が徐々に回復するにつれて，無脊椎動物相も徐々に回復したことも報告されている．一方で，必ずしも季節的な水位の増加が水生生物に影響するわけではなく，河床の礫が安定した河川では群集構造に影響はないとされる（Rempel et al., 1999）．

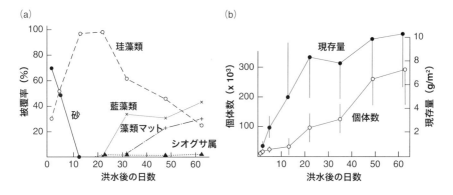

図 6.1　洪水後の北米河川における生物相の変動
洪水からの日数と藻類の被覆率（a）と無脊椎動物の現存量および個体数（b）の平均値．現存量と個体数のバーは 95%信頼区間を示す（Fisher et al., 1982）．

　より長期的な影響をもたらす撹乱の事例としては，突発的な洪水による数十年から数百年，場合によっては数千年に一度ともされる規模の大洪水が群集構造に与える影響についての報告がある．通常，洪水によって撹乱が生じても，生物の現存量は次世代の個体が産まれることや比較的影響の少ない地域からの個体の移入によって徐々に回復するが（図 6.2; Flecker and Feifarek, 1994），大

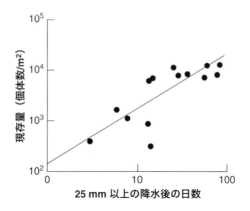

図 6.2 一定以上の規模の降水からの日数と水生昆虫類の現存量との関係（Flecker and Feifarek, 1994）

規模な洪水では，生物の現存量および群集構造はより長期的に影響を受けることが予想される．たとえば，5 年に 1 度の規模の洪水では 1 ヶ月で群集構造が回復したことが報告されており（Matthaei et al., 1997），50 年に 1 度の規模では群集構造の回復までに 3 年間要したとされ（Giller et al., 1991），河川形態が変わる甚大な規模の 2000 年に 1 度とされる洪水では 5 年以上の河川の生物群集への影響が報告されている（Snyder and Johnson, 2006）.

　高感度な分子マーカーの開発により，洪水による撹乱で集団が受ける影響を集団遺伝学的解析によって検討する事例も増えつつある．洪水による撹乱前後での集団の遺伝的多様度を検討したところ，撹乱後に個体数が回復した集団であっても，遺伝的多様度は低いままであることなどが報告されている（Vincenzi et al., 2017）．群集構造や種数，個体数などの回復にかかる期間は十分に理解が進んできたものの，どの程度の規模の撹乱がどの程度個体群の遺伝的多様度に負の影響を与え，どの程度の期間で回復するかといった知見は比較的少ない状況である．これらの知見は種や環境の保全，そして撹乱と生物との関係性を巡る進化的な議論には欠かせない情報であり，継続的な知見の蓄積が重要である.

6.2.2 流量の減少および渇水の影響

　Boulton et al.（1988）は同一河川における月レベルでの流量の増加と減少

の中での生物群集の動態を調査し，流量の増加よりも流量の減少の方が，生物群集に対してより大きな影響があると結論づけた．日本列島においては渇水による表流水の消失といった著しい事例はまれであるものの，降水量の低下による季節的な流量の減少といった月レベルの変動が起こりうるほか，ダムの影響による流量減少などが報告されている（谷田・竹門，1999）．

　河川における流量の減少から渇水に至るまでの過程には，いくつかの段階が想定されている（図6.3）．流量が減少すると，まず河岸環境と河川とのつながりが消失する．さらに流量が減少すると河川が分断化され，縦断方向（上流–下流）のつながりが絶たれ，断片化した止水環境が取り残される．この場合，集団の回復には数ヶ月かかることが報告されている．

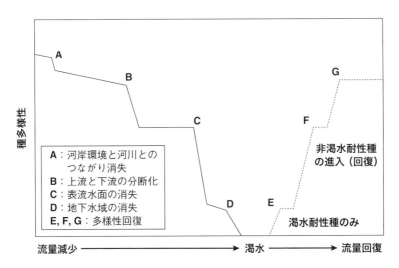

図6.3　河川における流量の変動が種多様性に与える影響
実線部は流量が減少する時期を示し，破線部は流量が回復する時期を示す．B から C の間では流量が減少することで河川に止水環境が生じ，E から G にかけて流量が増加することで流水環境が回復する（Bogan et al., 2015）．

　また，洪水による撹乱と同様に，流量の減少においても分類群特異的な影響がみられる．Walters and Post（2011）は，河川の水量を20〜80%の間で減少させて底生生物が水位の変動によって受ける影響を検討し，捕食性の種が最も影響を受けることを明らかにした．また，水生昆虫の現存量は全体的に減少し

たものの，科レベルの多様性にはほとんど影響しなかった．流量の変動と生物群集との関係性は，実験河川だけでなく自然下においても検討されており，季節的な要因による流量の減少であっても，捕食者に相当する種が大きく減少することが報告されている（Bogan and Lytle, 2011）．

6.3 生物がもたらす河川環境の変動

生物が河川の形態，化学的特徴を変化させ，結果として群集構造を変化させるような撹乱を引き起こす場合もある．生息場所の物理的環境を改変することで，他の生物が利用する資源の状態を改変するような種は**生態系エンジニア**（ecological engineer）と呼ばれ，捕食–被食といった直接的な関係性とは異なる**生物間相互作用**（inter-specific interactions）である（Jones et al., 1994）．

水生昆虫における生態系エンジニアの顕著な例として，トビケラ目昆虫がよく知られる．安定した河床では造網型トビケラ類の密度が増加し，礫間に営巣することで他種が利用する生息場所を創出するほか，河床の安定性をさらに高めるとされる（Nakano et al., 2005）．このような状態の礫が他の水生生物によって破壊される機会は少ないため，造網性のトビケラ類が優占した環境は河川の瀬環境における群集構造の遷移における極相にあたるとされる（津田，1964）．

生態系エンジニアによる撹乱の事例としては，魚類の一種である *Parodon apolinari* の事例が挙げられる．この種は礫表面の藻類を食べることで，藻類が繁茂した生息場所を利用する底生生物に対して間接的に影響を与える（Flecker and Taylor, 2004）．彼らは *Parodon* 属の密度を実験的に操作することで，*Parodon* 属により生息場所の不均一性が高まることを示した．また，*Parodon* 属を導入してから時間が経過するか，高密度に分布する区画では，藻類の現存量が全体的に減少した．生息場所の不均一性は藻類や無脊椎動物群集の種多様性を向上させると予想されたが，この実験では生息場所の不均一性とそれぞれの生物群集の種多様性の間に相関はみられなかった．これは，*Parodon* 属による生息場所改変があまりに急速だったためと考察されている．

6.4 撹乱からの逃避と周辺環境

撹乱が起きた際には，その影響から逃れることのできる**逃避地**（リフュージ
ア：refugia）の存在が群集構造や現存量の回復にとって重要となる．特に，洪
水における逃避地の役割を果たす氾濫原のような環境は，河川における種多様
性の維持において重要である．特に，魚類では洪水時に氾濫原に逃避する行動
が一般的であるほか（Schwartz and Herriks, 2005），氾濫原は水生昆虫や貝類
の種多様性を維持するうえで重要な生息場所である（Lorencová and Horsák,
2019）．また，洪水によって氾濫原生態系の種多様性も維持されるなど，洪水
という撹乱イベントを通じた両者の密接な関係性が示されている（Uno et al.,
2022）．

Bogan et al.（2015）は，渇水による撹乱が起きた際の生物群集の回復を調
査した．流量が著しく減少した河川にわずかに取り残された水たまりのような
止水環境には 10～12 種の水生昆虫しかみられないが，河川の流量が回復しは
じめると分散力の高い分類群では 8～10 週間の短期間で種多様性が回復した．
種多様性が完全に回復するためには 4～5 ヶ月の間，流量が維持される必要が
ある．また，種多様性の早期回復には，付近に逃避地となる良好な環境の存在
が寄与し，水量が戻るまでの期間に流水に生息する種がそこに逃避することが
必要だと議論している．仮に特定の生息場所が消失して局所的な群集構造が致
命的な打撃を受けたとしても，生息場所が回復した後に周辺環境から生物が再
移入することが可能であれば，地域の生物群集への影響を抑えることができる．
第 8 章で詳述するが，「ソース source–シンク sink（供給源–供給先）」のよう
な関係性が維持される**メタ集団**（metapopulation）の成立が重要となる．

6.5 人間活動に起因する撹乱

撹乱には人為的な要因によるものもあり，化学物質による汚染や外来種の侵
入，ダムの建設や河川改修などが挙げられる．生息場所の環境自体を大きく改

変する行為が生態系に大きな打撃をもたらすことは容易に想像されるが，外来
種の侵入も生態系に大きな影響を及ぼすことが多い．たとえば生態系エンジニ
ア種であるアメリカビーバーが侵入した事例では，河川の水文学的および化学
的な特徴が変化するなど，広範な生息場所を変化させるような影響が知られる
（Anderson and Rosemond, 2007）．

　将来的には，人為的な要因による大規模洪水の頻度が増加する可能性が危惧さ
れている（Wilner et al., 2018）．洪水頻度の増加については，温暖化といった
気候変動による影響，そして河川改修の急速な進行などが主な要因であると考え
られている．欧州では，人為的な要因によって生物の逃避地として機能する河川
の氾濫原や止水環境が 90％減少したとの報告もあり（Tockner and Stanford,
2002），撹乱が生物に与える影響も急速に変化しつつあることが予想される．

第7章
河川生物における種内・種間関係

　河川の生物は，河川内の同じ**生息場所（ハビタット**：habitat）を利用する生物をはじめ，河川流域や陸域も含めた様々な生物と関わり合いながら生きている．これらの生物同士の関わり合いのことを**生物間相互作用**（biotic interaction, biological coaction）という．生物間相互作用は対象となる生物にとって正にも負にも影響し，影響の仕方は直接的もしくは間接的であり，その強さは様々である．代表的な事例として，「食う–食われる」の関係，すなわち「捕食–被食関係」が挙げられる．流域内の種の集まりでは，「捕食–被食関係」が連続的に連なる**食物連鎖**（food chain），また網状に関係し合う**食物網**（food web）が形成される．

　これら河川生物の基盤となる餌資源は，付着藻類や**デトリタス**（detritus: 分解されつつある生物体細破片や排泄物，死骸などの有機物）などであり，植食性動物，捕食性動物，雑食性動物，病原体や寄生虫などの消費者を支えている．餌資源は有限であり，その利用可能性により消費者の現存量は制限される．下位の栄養段階の生物の変化により，栄養段階を通して上位の生物が影響を受けることを**ボトムアップ効果**（bottom-up effect）という．一方で，捕食者の数が増えれば，被食者の数が減り，逆に捕食者の数が減れば，被食者の数が増える．捕食者といった高次消費者の現存量はその下の**栄養段階**（trophic level）の生物に影響するが，さらに栄養段階が下位の生物に連鎖的な影響を及ぼす**トップダウン効果**（top-down effect）も生じる．また，食物や空間などの限られた共通資源を奪い合う場合，**競争**といった生物間相互作用が種間や種内で生じる．

　本章では，7.1 捕食，7.2 捕食による被食者の行動変化，7.3 競争とニッチ分化といった節を立て，生物間相互作用について解説する．

7.1 捕食

　生物間相互作用の中でも代表的な**捕食**（predation）はいたるところで生じている．従属栄養生物は，ライフサイクルのどこかのステージで他の生物の餌となり，多くの生物は生涯を通して捕食のリスクにさらされる．捕食によって捕食者は被食者の個体数を減少させるが，これは**直接効果**（direct effect）または**消費者効果**（consumption effect）と呼ばれる．その影響の強さは，捕食者が利用可能な被食者とその生産をほとんど消費するような強いものから，ほとんどわからないような弱いものまで幅がある．また，捕食は潜在的にも被食者に影響を与える．たとえば，成長率や生息地の利用の制限，採餌効率，持続的な捕食リスクに対する適応（自然淘汰）などであり，これらの効果は**間接効果**（indirect effects）あるいは**非消費効果**（non-consumptive effects）と呼ばれる．被食者は捕食から回避するために，逃避行動を増やす，夜間の行動を増加するなどの変化を余儀なくされ，その結果として成長量が低下することとなる．これらはその時点での生存という意味では明らかな利益をもたらすが，採餌行動を見送るため，将来的には成長と繁殖力を犠牲にしている場合がある（Preisser et al., 2005）.

　このほか，上位の捕食者は食物網を通じて下位の栄養段階の生物へ間接的な影響を与える，いわゆる**トップダウン効果**を生じることもある．たとえば，栄養段階の高次捕食者がいなくなれば，その被食者である植食者が増えるため，植食者の餌である藻類が減少する．また，被食者の餌生物や捕食者および被食者の競争相手など，関連する生物種にも間接的な影響を与える．エネルギー経路や種構成の変化は，栄養塩の利用や再利用に影響を及ぼすこともある．逆に，栄養段階が下位の藻類が減少すれば，それを餌とする植食者が減少し，つづいてその捕食者が減少するといった上位の栄養段階へ連鎖的に影響することを**ボトムアップ効果**という．

7.1.1 捕食者と被食者の相互作用

捕食者にはある程度の**選好性**（選り好み：preference）がある．特定の生物種やサイズ，餌の形に対するものである．流水環境における捕食は複雑であり，捕食者の形態，採餌方法，被食者を発見する手段，被食者のサイズに対する自身のサイズなど，捕食者の生態的特徴が関係する．被食者の特徴も捕食に大きな役割を果たしており，被食者の豊富さ，活動性，可視性，サイズなどは，捕食者にみつかったり，攻撃を受けたり，捕食される確率に強く影響する．捕食者や被食者の行動や個体数は，季節や生息地によって変化したり異なっているため，捕食者と被食者の相互作用には空間的・時間的な複雑さが加わる．河川環境下でよくみられる捕食者と被食者の例として，底生動物と付着藻類の関係性について次に述べる．

7.1.2 植食性：付着藻類と植食者

太陽エネルギーを利用して光合成を行う細菌類（藍藻類），藻類，蘚苔類，維管束植物などの一次生産者は，多くの食物網において一次消費者の餌資源として位置付けられる．水が流れる河川では，植物プランクトンによる生産者としての役割は比較的小さく，生産の主要な担い手は**底生藻類**（benthic algae）となる．底生藻類は，様々な藻類から構成され，小さな単一の細胞から大きな糸状や集団状の群体をとるのもある．底生藻類の表面には，藍藻類や従属栄養細菌，原生生物，微小無脊椎動物などの微小消費者が生息し，有機物や細胞外化合物などが混在する．これらの混合体は，**付着藻類**（periphyton）や**石面付着層**（epilithon），**付着生物膜**（バイオフィルム：biofilm）などと呼ばれる（図7.1）．構成種により分布や生活型，栄養価は様々である．付着藻類の消費者は，主に昆虫類，軟体動物，甲殻類などの無脊椎動物，両生類の幼生，魚類などであり，**剥取食者**（grazer）と呼ばれる．

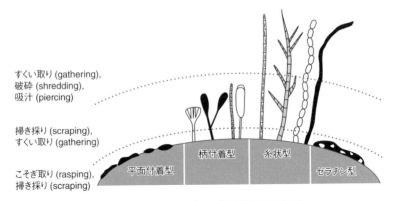

すくい取り (gathering),
破砕 (shredding),
吸汁 (piercing)

掃き採り (scraping),
すくい取り (gathering)

こそぎ取り (rasping),
掃き採り (scraping)

平面付着型　柄付着型　糸状型　ゼラチン型

図 7.1　付着藻類の主な生活型と摂食様式
剥取食者の摂食様式によって食べられる層が異なる（Steinman, 1996 を改変）.

7.1.3　剥取食者と付着藻類の直接的な相互作用

　剥取食者は食べることで付着藻類の**現存量**（バイオマス：biomass）を減ら
し, 付着藻類の種構成を変化させる. 同時に, 河川区間や河川全体という大き
な空間スケールにおいては, 生産者である付着藻類の現存量に応じて剥取食者
の現存量や成長は変化する. すなわち, 剥取食者を抑制すると付着藻類現存量
が増加し, 付着藻類を抑制すると剥取食者が減少する（Allan et al., 2021）.
　付着藻類が剥取食者から受ける影響は, 剥取食者種の**摂食様式**（feeding modal-
ity）と付着藻類種の成長形態や化学成分などによって異なる. 付着藻類の上層
部は, 様々な種類の剥取食者からの影響を受けやすい（図 7.1）. たとえば, 水
生昆虫のヒラタカゲロウ科やトビイロカゲロウ科をはじめとするカゲロウ類は,
かき集めたり, すくい取って食べる摂食様式（摘み採り食者：browser, 掃き採
り食者：scraper）のため, 柄付着型, 糸状の生活型をもつ脆弱な付着藻類に影
響しやすい（図 7.1, 7.2）. このような剥取食者の存在によって, 付着藻類は下
層部に位置するような平面付着型へ変化することが多い. 一方で, 巻貝やヤマ
トビケラ科, ニンギョウトビケラ科の水生昆虫類, ロリカリア科のナマズやア
ユなどの魚類では, 礫面の硬い表面から付着藻類をこそぎ取って食べる摂食様
式のため, 付着藻類上層部だけでなく, 下層部にも強く影響する. 日本などの

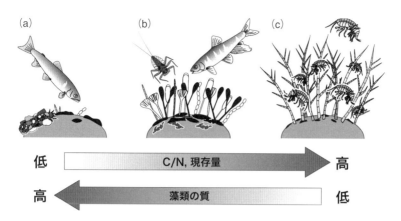

図 7.2　異なる摂食様式の剥取食者と付着藻類の生活型との相互関係
（a）岩石表面からこそぎ取られることで，急速成長する栄養価の高い付着藻類がわずかに残る．現存量は少ないが，炭素に比べて窒素とリンの濃度が高い（C/N と C/P が低い）ため，付着藻類の質は高くなる．（b）剥取食者の摂食により，脆弱な付着藻類から摂食されていき，最終的には藍藻や平面付着型の珪藻類が残る．（c）剥取食者からの摂食圧が緩和されると，緑藻類が高密度のマット構造を形成する．小さな底生動物の生息場所となる．現存量が蓄積すると，窒素やリンに比べて付着藻類中の炭素濃度が高くなるため，付着藻類の質は低下する．注：図中の生物サイズは縮尺通りではない（Vadeboncoeur and Power, 2017 を改変）．

温帯地域の河川での主な剥取食者は無脊椎動物であるが，地域によっては淡水魚や両生類の幼生も剥取食者となる．一方で，熱帯魚は付着藻類と有機物を主要な餌としており，付着藻類現存量を大きく減少させる（Flecker et al., 2002; Power, 1984）．

7.1.4　剥取食者と生産者の間接的な相互作用

　剥取食者の付着藻類に対する影響は，直接的な消費や物理的な破壊だけでなく，付着藻類の生産性や利用する栄養塩に間接的に影響を及ぼす（図7.3）．たとえば剥取食者が窒素などの栄養塩類を排泄したり，付着藻類上のデトリタスを除去することで，付着藻類が利用できる栄養塩類が増加することがある．その結果，付着藻類の栄養塩比率（炭素，窒素，リンの比率）が平均的に変化し，相対的に窒素濃度やリン濃度が高くなることがある（Liess and Hillebrand, 2004）．付着藻類自体の生産性は向上し，剥取食者の餌としての質が良くなる．しかし一般的に，このような間接的な効果は，前節において述べたような直接的な効

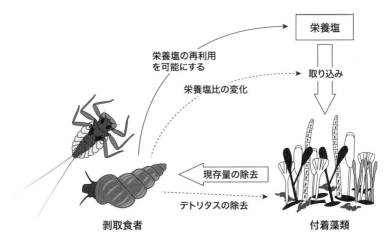

図7.3 栄養塩の化学量論における剥取食者の直接的効果と間接効果
剥取食者は摂食や除去によりデトリタスや付着藻類の老化細胞を減少させる。これにより，付着藻類の炭素含有量は減少し，付着藻類の 炭素：窒素：リン 比が変化する。また，剥取食者の排泄や排出によって，栄養塩の再利用が可能となり，活発に成長している付着藻類の細胞へ栄養塩と光が供給される（Hillebrand et al., 2008 を改変）。

果ほど大きくはない。

7.1.5 無脊椎動物の捕食者と被食者の相互作用

　食物網内における，それぞれの種の相対的な体サイズは，資源の分配，食餌の幅，捕食者と被食者の相互作用に影響を与える。多くの捕食者は自分よりも小さい生物個体を食べる。捕食者に見つかる可能性は体の大きさに比例して高くなり，あまりに小さい被食者は捕食対象とならないこともある。捕食者の捕獲成功率は被食者が大きいほど低下し，捕食にかかる時間は被食者のサイズが大きいほど増加する傾向がある。

　捕食行動は被食者の行動面と相互作用して，局所的な遭遇率と捕食成功率に影響を与える。活発に探索する大型捕食者に対して，移動性の高い被食者は接近を察知して逃げやすい。一方でこのような被食者は，待ち伏せ型の捕食者に対しては移動することで遭遇率を高め，死亡率を上昇させる。たとえば，待ち伏せ型捕食者のヤゴは，移動性の高い被食者のカゲロウ幼虫に大きく作用する（Woodward and Hildrew, 2002）。被食者の密度や，這い歩くか漂流（ドリフ

ト, drift) や遊泳するかといった被食者もしくは捕食者の行動, 被食者の移動
速度と捕食者の攻撃速度によって, 待ち伏せ型捕食者の被食者との遭遇率や捕
食成功率は異なる. また, 生息場所の複雑さや被食者における逃げ場所の有無
などによっても大きく異なる. 一般的に, 被食者にとっての逃げ場所の存在は,
捕食者との遭遇や捕獲成功率を下げる役割をもつ (Allan et al., 2020).

7.2 捕食による被食者の行動変化

7.1 節で述べたように, 被食者は捕食を回避するために行動や形質を変化させ
ることがある.

捕食回避機構の中には, 捕食者と被食者の物理的な近接にかかわらず, 捕食
者の攻撃率を低下させるものや, 攻撃や捕食を失敗させるものもある. このよ
うな形質には, 体を防護できる形態的な構造をもつことや, 常に夜間に活動す
るなどの固定的なものと, 捕食者の存在によって引き起こされる誘発的ものが
ある. 誘発的なものとしては, 視覚や触覚による捕食者の感知や, 水性化学物
質を介して感知した後に逃げる, あるいは, 発生を変化させるといったものが
知られている (Kats and Dill, 1998; Ueshima and Yusa, 2015; Vodrážková
et al., 2020). 以下に具体的な事例を紹介する.

底生動物には, 河川の流れを利用した漂流による移動方法があり, しばしば
夜間の漂流が認められる. 米国コロラド州ロッキー山脈において, 捕食魚であ
るカワマスが生息していない河川と, 生息する河川での比較調査をしたところ,
カゲロウ類の夜間:昼間漂流数の比は, 前者ではほぼ 1:1 に, 後者では約 10:
1 となった (図 7.4; McIntosh et al., 2002). これは, 捕食者であるカワマスの
視野が最大となる昼間に被食者である水生昆虫類が捕食リスクを避けるための
進化的反応と解釈されている.

ほかにも, 捕食魚の「におい」によって, 水生昆虫類の発育が早まり, より
小さいサイズで成熟することがある. 捕食魚の多い河川では, コカゲロウ類や
マダラカゲロウ類が早期に小さい体サイズの状態で羽化する事例が知られる
(Peckarsky et al., 2002; Dahl and Peckarsky, 2003). 実験室内でも類似した

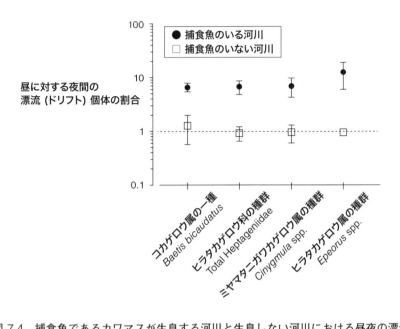

図 7.4　捕食魚であるカワマスが生息する河川と生息しない河川における昼夜の漂流
（ドリフト）個体の割合
McIntosh et al.（2002）を改変.

報告がある. 魚類の飼育水で飼育された水生昆虫の幼虫は, 魚類のいない水で
飼育された場合と比べて幼虫の発育が早く, 体サイズは小さくても早期に成熟
する. コカゲロウ属の幼虫では, 捕食魚の皮膚粘液に存在するアミノ糖を「に
おい」として感知しているとされる（Landeira-Dabarca et al., 2019）.

7.3　競争とニッチ分化

　同じ種または異なる種の個体が, 制限のある共有資源を利用する際には, 個
体間に**競争**的な相互作用が生じる. 利用できる資源の減少は個体の適応度を低
下させるため, その影響は個体間の競争を通して**集団**（**個体群**：population）
の全体に及ぶことがある. 競争には, 一般に 2 つのメカニズムがあり, 1 つは,
ある個体が資源を利用することで共有資源が減少し, 他個体が利用できなくな
るような**搾取型**（**間接的**）**競争**（exploitative competition）である. もう 1 つ

は，ある個体が好ましい生息場所から他個体を排除するような攻撃的な性質を
もつ**干渉型（直接的）競争**（interference competition）である．

　同一の**群集（生物群集：community）**内において，複数種がまったく同一の
生息場所や資源を必要とする場合，限られた生息場所や資源を巡り種間競争が
起こり，排除される種が生じる．排除された種は絶滅することもあるが，排除
した種が利用しない生息場所や資源を利用することで，存続する可能性もある．
種間における同一の利用資源の重なりの程度，**ニッチ（生態的地位，niche）**の
類似性によって，種間競争の強度は異なる．また，複数種が安定的に共存する同
一群集では，種間におけるある程度の生態的差異，いわゆる**ニッチ分化**（niche
segregation：資源利用の分割のことで，同一の資源を要求する異種生物が，互
いに資源利用を分けあって共存する現象をいう）がしばしば認められる．過去
の競争によってニッチ分化が生じ，現在は安定的な状態になっている可能性も
考えられる．しかし一方で，同一群集内でニッチ分化が確認されても，必ずし
も種間同士で競合している状態にあるとは限らない．競争は緩やかな作用であ
り，多くの場合，どこでも生じるものであり，一対一の相互作用というよりは
むしろ，多種間での相互作用となる．実際の競争的相互作用を明らかにするた
めには，実験的操作による確証が必要とされる．

　第14章では，同属の近縁種間でのニッチ分化の事例が紹介されている．日本
に広域分布するモンカゲロウ属2種に関する事例で，一見すると種間でのニッ
チ分化が成立しているように感じられるが，春季にモンカゲロウが羽化するこ
とで河道内からモンカゲロウの幼虫がいなくなると，すぐにその生息場所はフ
タスジモンカゲロウに占められる（図14.1を参照）．野外での操作実験は困難
であるが，一方の種の羽化のタイミングを利用することで，ニッチ分化だけで
なく，生息場所や資源を巡る競争の存在を示した研究事例である．

　ここまでは，種間における競争やニッチ分化について述べてきたが，本節の
冒頭でも述べたように，同一種内の個体間で最もニッチが競合する．生息場所
や資源を巡る種内での競争やニッチ分化は，結果として，種として利用できる
ニッチ幅の拡大にもつながる．こうしたニッチ幅の広い種は「ハビタット・ジェ
ネラリスト（habitat generalist）」と呼ばれるが，その進化的背景には，資源を
巡る種内での厳しい競争の存在が考えられる．

7.3.1　搾取型競争と干渉型競争

　河川の大型無脊椎動物における強い**競争的相互作用**（competitive interaction）は，固着性あるいは動作の遅い剥取食者によって，消費型競争または**搾取型競争**と**干渉型競争**を合わせた形で実証されている．たとえば，カワニナ科の巻貝は基質表面を強引に押し進み，付着藻類を下層部より根こそぎ削って食べるため，他種や他個体に負の影響を与える．ほかにも，米国テネシー州の源流域における巻貝とアツバエグリトビケラ属の一種の間では餌となる付着藻類をめぐる搾取型競争があり，巻貝が水生昆虫に負の影響を与えることが報告されている（Hill, 1992; Hill et al., 1992）．この研究では，実験室で両種を良質の餌のある環境に移すと，成長速度と湿重量当たりの乾燥重量が大幅に向上したことも確認されており，自然環境下では，餌である付着藻類の量に制限があることを示唆した．また野外では，巻貝がいる河川といない河川との比較から，巻貝がいない河川では付着藻類の現存量が3倍に増加したこと，またトビケラの休眠幼虫の平均重量が約2倍に増加したことを示した．

　限定的な場所に生息する無脊椎動物では，干渉型競争が報告される．多くの場合，サイズが大きい方が有利であり，排除される方はケガをしたり，食べられたりする．食べられる場合，競争と捕食の境界線は曖昧になる．

　米国カリフォルニア州の小河川では，流れの速い岩肌（礫表面）をめぐるアミカ類とブユ類の幼虫における干渉型競争が報告されている（Dudley et al., 1990）．前者は付着藻類を食べる剥取食者であり，後者はろ過摂食者である．両者の密度は，一方が増加するともう一方が減少する負の相関関係にあり，ブユの幼虫は，近くにアミカ幼虫がいると摂食行動を妨害する．ブユの幼虫がいる場合，アミカ幼虫の摂食時間は，周囲のブユ幼虫をすべて取り除いた場合と比較して，著しく減少する．

　競争的相互作用は環境要因によって影響を受けることがある．剥取食者である巻貝は，底生昆虫類との搾取型競争で優位であり，香港の河川を優占することがある．しかし，出水が頻繁に生じる季節では，巻貝の優位性はみられなくなる（Yeung and Dudgeon, 2013）．河川の底質環境の破壊，いわゆる撹乱に

よって，生物学的相互作用が弱まる，あるいは無効化される．河川生物群集における競争的相互作用は，場所や季節によって，また，群集の構成種によっても異なる．

7.3.2 資源分割とニッチ分化

種間における資源の重複については，主に消費する餌，利用する生息場所，生物の活動時間（季節や時間帯）の3点を軸とした個体間の類似性に基づき評価される．これらの資源の分割は，**ハビタットの分割**または**棲みわけ**（habitat segregation），**餌の分割**または**食いわけ**（dietary segregation），**時間の分割**または**時間的棲みわけ**（temporal segregation）とされ，水生および陸生の様々な分類群で広く知られている（Schoener, 1974）．河川に生息する無脊椎動物では，流程分布をはじめとした生息域の分割がよく知られている（第8章を参照）．また，温帯河川における年一化の水生昆虫では，たとえば繁殖期がずれるなどの生活史の季節的分割といった時間的分割が認められる．食性の分化については，主に胃内容物の調査などで餌資源の識別が容易なグループにおいて研究が進められてきた．

たとえば，シマトビケラ類などのろ過摂食を行うトビケラ幼虫は巣網を張り，流水中の有機物を集めて餌とする．網目のサイズなどの捕獲網の構造や取り付け場所の違いなどは，種間での資源分割に関連している（柴谷・谷田，1989）．また，餌の粒径の違い，流程に沿った分布（流程分布），流速や造巣基盤といった微生息場所の分布，生活史における季節などにも分割がみられる．また，同種のなかでも，齢期によって生息域の流速が異なる事例が知られている（Osborne and Herricks, 1987; Okamoto et al., 2022）．

生息場所の利用，餌の捕獲能力，活動や成長のタイミングなどにおける種間でのニッチ分化に関する研究は多い．共有資源をめぐる消費者間競争の激しさは，消費者間のニッチ重複もしくはニッチ分化の程度に関係する．しかしニッチ分化が生じているからといって，種間に競合関係があるのか，あるいは，進化史の中で獲得し，固定された生態的特殊化による結果なのかを区別することは困難である．

第 **8** 章
河川生物の集団構造・遺伝構造

　第4章で述べたように，河川は源流域から下流域まで連続的かつ大きく環境が変わり，それに伴って生息する生物種群も大きく入れ替わる．本章では，河川源流や山地渓流河道などの河川の上流部に生息する種群に関して，これまでに提唱されている遺伝構造パターンのモデルを紹介する．次に，河川の中流域や下流域に生息する種群の遺伝構造の特徴，そして複数の小さな集団が形成する1つの大きな遺伝的集団であるメタ集団とソース–シンクの関係性について解説する．また，河川におけるワンドやたまりの重要性と山岳形成などの地理的イベントによって生じる遺伝子流動パターンについても触れる．

8.1　河川の生物における流程分布

　河川は源流から始まり，**山地渓流河道**，**中間地河道**，**扇状地河道**，**自然堤防河道**，**デルタ河道**といったように連続的に特性が変容する（図 8.1）．地理的には，河川源流は孤立・散在的になりやすい傾向があるのに対し，平野部を流れる下流域は広く連続的である場合が多い（図 8.1）．さらに，流量や河床の特性も源流から下流にかけて連続的かつ大きく変容する（河川景観の変容についての詳細は第4章を参照）．環境の変容は生物相を変異させるため，河川では流程に沿って生息する種群が入れ替わる傾向が知られている（Hughes et al., 2009）．また，Okamoto et al.（2022）では，山地渓流に建設されたダムの上流域に創出された河床勾配の緩やかな流域において，本来は下流に生息するはずの水生昆虫類がみられたという興味深い報告もされている．つまり河川生物の流程分布や種の入れ替わりには上流や中流の標高の影響だけではなく流域の環境変化も影響しているといえる．源流から河口にかけて環境は大きく変容し，河川水系内における生息種群も流程に沿って入れ替わる．このような傾向は，日本列

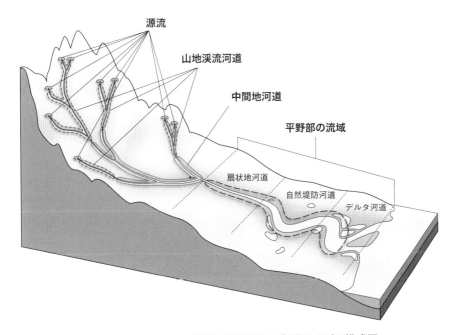

図 8.1 河川における流程と河川生物の集団サイズの模式図
河川上にある点線の囲みが流域ごとの集団分布域のイメージである．源流域の生息場所・集団分布域は小さく，孤立・散在的となり，下流に向かうほど大きく連続的になる（竹門，2016を一部改変）．

島の河川の特徴であるとともに，そこに形成される河川生態系の多様性を生み出す重要な要因の１つといえる．

8.2 源流・山地渓流に生息する種群の遺伝構造

　河川生物は，生息する流域によってその生態的特徴が異なる傾向がある（Tonkin et al., 2018）．源流域や山地渓流に生息する種群では，生息場所（ハビタット）が孤立・散在分布する傾向にあり，生まれた地点からほとんど移動分散することなく一生を終えることが多い．特に源流に生息するような魚類や水生昆虫類では，小さな集団がパッチ状に形成され（図 8.1），集団間での移動分散や遺伝的交流もほとんどみられなくなる（Finn et al., 2007; Ruppert et al., 2017）．

このように集団間での移動分散が少ないと，集団内の遺伝的多様性は低下する（低い **α 多様性**）．また，それぞれの小さな集団が独自の遺伝的特徴をもつようになる傾向があるため，地理的に近い集団間でも遺伝的特徴が大きく異なる傾向が強くなる．したがって，源流域や山地渓流に生息する河川生物は，狭い範囲の地理的スケール内での遺伝的多型が検出されやすい（高い **β 多様性**）．

8.2.1　デスバレーモデル

　河川生物の遺伝構造は，その移動分散能力に応じてこれまでにいくつかのパターン（遺伝構造モデル）が提唱されてきた．1 つは Meffe and Vrijenhoek（1988）が提唱した**デスバレーモデル**（death valley model）で，地理的な距離が近い小さな集団で，集団間の遺伝子流動（配偶子の散布や個体の移動による，集団間での遺伝子の移動）が生じにくい場合を想定している．このモデルは，移動分散力の極めて低い河川源流に生息する生物に適用することができる（図8.2）．また，このモデルでは「各集団の生息場所を島嶼のように置き換えることができ，島間の遺伝子流動は等しく生じる」ことを前提としており，相対的に単純な構造を表すのに適している．一方で，Meffe and Vrijenhoek（1988）は「実際の河川生物の遺伝構造はさらに複雑なものである場合も多い」として，もう 1 つの遺伝構造モデルも提案している．それが次に説明する**ヒエラルキーモデル**（stream hierarchy model）である．

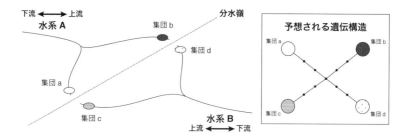

図 8.2　デスバレーモデルの模式図（左）と予想される遺伝構造（右）
予想される遺伝構造の図においては，模様の異なる円はそれぞれ異なる遺伝子型を示しており，各集団の遺伝子型と対応している．これら 4 つの遺伝子型を結ぶ線上の小さな黒い円は検出されていない仮想の遺伝子型を示しており，各遺伝子型間に仮想の遺伝子型が多いほど遺伝的距離が大きく離れていることを示す．Tonkin et al.（2018）を改変．

8.2.2　ヒエラルキーモデル

ヒエラルキーモデルでは水系内の源流・山地渓流の集団間における移動分散を考慮し，同水系内もしくは地理的距離の近い集団は似通った遺伝的特徴をもつことを想定している（図8.3）．ただし，陸上を利用して移動することができない生物，たとえば魚類などでは，距離的に近い地点であったとしても水系が接続していなければ移動分散はできない．したがって，地点間の地理的距離が近くても他水系の集団とは遺伝子流動が生じず，異なる遺伝的特徴をもつことになる（図8.3）．また，ヒエラルキーモデルでは水系内における集団間の遺伝子流動の強度が集団間の地理的距離によって異なることを想定している．すなわち，水系内における集団間の距離が遠いほど遺伝子流動は弱まり，遺伝的分化（集団間の遺伝子流動の頻度が減少することで生じる遺伝的特徴の分化）の度合いは大きくなる（図8.3）．

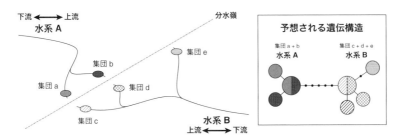

図 8.3　ヒエラルキーモデルの模式図（左）と予想される遺伝構造（右）
図の見方は図8.2と同様．Tonkin et al.（2018）を改変．

8.2.3　ヘッドウォーターモデル

ここまで Meffe and Vrijenhoek（1988）によって提唱された，水中を移動経路とする生物を対象にしたモデルについて述べてきた．次に Finn et al.（2007）が提唱した，陸域を介した水系間を跨ぐ移動分散が考慮された遺伝構造モデルである**ヘッドウォーターモデル**（headwater model）について述べる（図8.4）．河川生物では，水中だけではなく，陸域を利用して近接する生息場所への移動分散が可能な生物も多い．たとえば，源流域に生息する水生昆虫類や両生類の

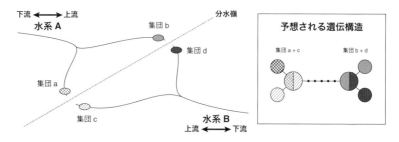

図 8.4　ヘッドウォーターモデルの模式図（左）と予想される遺伝構造（右）
図の見方は図 8.2 と同様. Tonkin et al.（2018）を改変.

サンショウウオ類などでは，成虫あるいは成体期の飛翔や歩行により異なる水系への分散が生じることも十分に考えられる．そのため，同水系内の集団でも地理的に離れていれば集団間の遺伝的距離（遺伝的分化の度合い）は大きく，逆に別水系の集団であっても地理的距離が近ければ集団間の遺伝的距離は小さくなる（図 8.4）.

8.2.4　メタ集団を考慮した遺伝構造モデル

　移動分散能力が高い生物種群では水系による遺伝的分化が検出されないことが多く，集団サイズが大きくなる傾向がある．そういった種群では比較的広い地域スケールで複数の小さな集団が**メタ集団**（metapopulation：複数の局所集団が移動分散によって結びついた大きな集団）を形成する（図 8.5）．また，移動分散力が低い種群ほど明瞭ではないものの，移動分散力が高い種群においても，

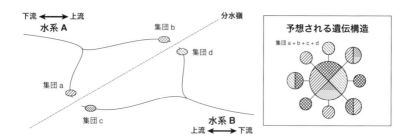

図 8.5　移動分散力が高い種群で予想される遺伝構造
図の見方は図 8.2 と同様. Tonkin et al.（2018）を改変.

やはり集団間の地理的距離が大きくなると遺伝的な分化がみられることがあり，広範囲での緩やかな遺伝構造の違いとして検出される場合が多い（図 8.5）．近年では，地点間を結ぶ直線距離の間に存在する山地などの移動分散の障壁となる地理的要因を越えるコストを考慮した**コスト距離モデル**（cost-distance model）も注目されており，生物の実際の移動分散経路をより正確に考慮した解析が可能となってきている（Tonkin et al., 2018）．

8.3　中間河道および扇状地から自然堤防・デルタ河道に生息する種群の遺伝構造

　メタ集団を形成し，集団間の遺伝構造について地理的距離と遺伝的距離の間に緩い相関がみられるような種群は，河川の中・下流域（中間地河道からデルタ河道）にかけて広域的に多く生息している．梅雨や台風による降雨量が多い日本列島の河川は，洪水による生息環境の撹乱の頻度と強度が高く（詳細は第6章を参照），特に河川中・下流域は影響を大きく受ける．メタ集団はそのような変動性の高い環境において生物の集団を維持するうえで重要な役割をもつ．強い撹乱が生じると，河川内に生息する生物は本来の生息地よりも下流側に生息場所がシフトするなどして分布や個体数に変化が生じるが，もし集団の一部（局所集団）の個体数が減少したとしても，メタ集団を形成している種群では，すぐに他の局所集団から個体が移入し，減少した分が補完されやすい（図 8.6）．逆にいえば，頻繁に洪水による影響が生じるような河川中・下流域では，直ちにそれを補完できるシステムをもつ種群でなければ生息が困難であるともいえる（Suzuki et al., 2023）．その結果，河川中・下流域に生息する種群は個体数が多く広域分布する，いわゆる「普通種」と呼ばれる種群である場合が多い．

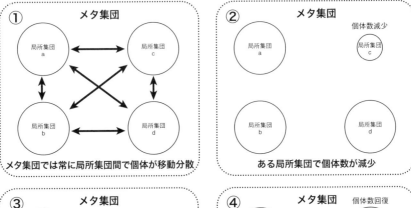

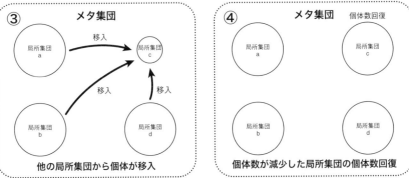

図8.6 メタ集団としての機能例（局所集団間の移動分散によるメタ集団の維持）

8.4 ワンド・たまりの連続性と集団構造および遺伝構造

平野部に位置することが多い扇状地河道や自然堤防河道，デルタ河道では，河川内に流れの緩やかな**ワンドやたまり**（図1.2）といった半止水環境が形成されやすく，河川の流路が変更した際には**河跡湖**（河川の流路変化によって河道の一部がせき止められて形成される湖沼）などの止水環境が形成されることもある．河川生態系では流水性の生物が着目されることが多いが，河川に創生される止水環境は，流水環境を好まないドジョウ類やコイ科やナマズ科の魚類，さらには水生カメムシ目やトンボ目などの昆虫にとっては極めて重要な生息場所である（黒川ほか，2009）．河川のワンド・たまりが洪水などの撹乱のたびに拡

張を繰り返し，形成された河跡湖などとも接続されると，やがて止水環境は連続的な水域となる．この連続性は止水に生息する生物の移動分散に極めて重要であり，その集団構造や遺伝構造にも大きな影響を与えている．

8.5　局所集団間におけるソース–シンクの関係

　先にも述べた通り，メタ集団においては，何らかの要因で局所的な集団の個体数が減少しても，他の局所集団から個体が移入・供給されることによって集団が維持される（図 8.6）．この場合，移動分散の供給元となる集団を**ソース**（供給源：source）集団，他の局所集団から個体の移入を受ける集団を**シンク**（供給先：sink）集団という．メタ集団におけるソース–シンクの関係性は，シンク集団の個体数回復や安定した集団の維持に寄与するほか，局所集団間の個体の移動分散が促進されることで，集団内の遺伝的多様性低下の抑止にもつながる．したがってメタ集団が形成されている種群では，ソース集団そのものが壊滅的影響を受けるような極端な撹乱を除けば，適度な撹乱がメタ集団全体での遺伝的多様性の維持に重要な役割を担う．また，河川におけるソース–シンクの関係には，局所集団の河川流程内の位置関係も重要である．河川生物の移動分散の方向性は，上流から下流方向へ強く生じる傾向があり，上流の局所集団がソース，下流の局所集団がシンクになっていることも多い．また，冷水性の種群では湧水のある地点に生息する局所集団が，夏場に水温が上昇する下流地点に生息する局所集団のソースとなっていることも報告されている（Nakajima et al., 2021）．

8.6　河川生物の集団構造・遺伝構造と地史

　河川の流路は一定ではなく，短期的もしくは長期的な時間軸の中で繰り返される洪水や氾濫，また地形変化の影響を受けながら大きく変化する．河川に生息する生物の遺伝構造は，この流路変更にも大きく左右される．Hughes et al.（2009）は地形変化が生じた際に予想される遺伝構造パターンを概説している．たとえば河川生物にとって**海峡**は，集団間の**遺伝子流動**（gene flow）を妨げる

障壁となるが，氷期には海水面が低下するため，隣り合う水系間の流路が下流部などで接続される場合がある（図 8.7a）．このような地形変化は海水面低下以前に遺伝的に分化した集団間での遺伝的交流を引き起こすことがあり，水系間で遺伝子の共有が生じる．このような遺伝子流動は，別々の島嶼にある水系間であっても氷期の海水面低下による陸橋形成（海峡により隔てられていた陸地が，海水面低下により陸続きとなること）によって水系が接続することで生じることがある（図 8.7b）．いずれの場合でも，間氷期には接続がない水系間の遺伝子流動が氷期の地形変化で生じることで，それに応じた遺伝構造が生物の集団に形成される．

(a)

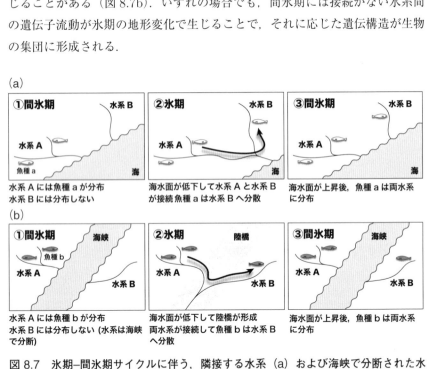

図 8.7　氷期–間氷期サイクルに伴う，隣接する水系（a）および海峡で分断された水系（b）の接続と生物の移動分散の模式図

Hughes et al.（2009）はまた，山岳形成などの地質的イベントによる河川の流路変化も，生物の遺伝構造の形成に影響するとしている．地殻変動などの地質的イベントによって河川の流路の一部が隣接した河川に組み込まれるような出来事を**河川争奪**（stream capture）と呼ぶ．時には水系を跨ぐような河川争奪が生じることもある．図 8.8 は山岳形成による河川争奪前後の模式図で，河

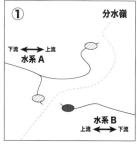 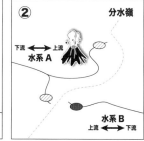 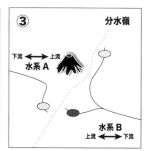

図 8.8 山岳形成による河川争奪前後の模式図
河川上の円の模様は集団の遺伝子型を示す.

川争奪前は図の左側へと流れていた水系の一部が，山岳形成後に右側へと流路を変更している様子を示している．この場合，河川争奪前の河川上流部の遺伝的特徴は河川争奪後にも引き継がれると考えられる．

8.7 河川生物の群集構造決定の要因

　河川の環境は基本的には河道に沿って連続的に変容するものの，その地域や地形などによって不均一な環境も存在するため，河川内における支流間や河川区間（瀬と淵）などの局所集団を形成し，その局所集団同士が緩やかにつながりをもつ．また，近年では河川の地下および，隣接する氾濫原なども含めた「河床間隙水域（様々なサイズの砂礫などの堆積物の隙間が水で満たされ，河川水と地下水が混じり合う水域）」の生物多様性にも注目が集まっている．河川内の様々な環境に生息する河川生物は，互いに影響しながらメタ群集を構成する．メタ群集の空間的な群集構造やその動態は，河川生物の多種共存を促進することで知られ，生態学の中でメタ群集を説明するモデルとして，4つのパラダイムが提言されている（詳しくは川那部ほか，2013）．
　河川生態系においては，河川の局所集団間のつながりに着目したメタ群集構造についてネットワーク空間配置仮説（network position hypothesis：NPH）が提唱されている．特定の地域や集団で，どの種が存続，適応できるかを決定する

主要因として流程ごとの局所的な環境が挙げられるが，これに加えて，集団構造
は局所集団の全体の生物の分散によって実質的に影響を受けている（Cottenie
et al., 2003）．たとえば，先に述べたように源流域や上流域の生息場所は孤立・
散在的なパッチ状に存在するため，集団間の移動分散は比較的少ないと予想さ
れる．また，局所集団ごとの生息環境は不均一であるため，それぞれの環境ご
とに生存率や適応性に種間差が存在する．そのため，源流域においては集団構
造を決定する要因は生息環境と，そこに生息する生物間相互作用が重要である．
一方で，河川下流域は集団間のつながりが強くなるため，生息環境に加えて生
物の分散に関しても群集構造を決定する重要な要素となる．そのため，下流域
では生息環境や種間相互作用による種間差に加えて，特定の生息環境間での生
物の分散が局所集団の動態に支配的な影響を与える．このように，NPH 仮説
は生息場所の空間的な配置（河川ネットワークの空間的な位置）による環境要
因や分散の影響，生物間相互作用の重要性を主張している．しかし，この仮説
を実証するような研究例は少ない．これは，生物種によって分散力が大きく異
なり，仮説検証を困難化させているためである．そのような中でも，この NPH
仮説が主張するように，生物群集の構造を決定する要因として，生息場所間で
どれほどのつながりが存在するのかについては重要な要因であるとともに，流
程ごとに分散の効果を考慮する必要があるのかもしれない．以上のように，河
川生物は河川流程ごとに遺伝構造が変化するだけでなく，群集構造の決定要因
にも変化が知られている．

コラム 8.1

環境 DNA

　近年の遺伝子解析技術の進展は凄まじく，「池の水をコップ 1 杯汲んで DNA 解
析すれば，池内に生息する魚類相があらかたわかる」ような夢のような時代を迎
えている．魚類の糞や粘液などにも DNA が含まれており（排泄物には，剥離し
た消化管の表皮細胞も含まれているため），こうした体外の環境中に浮遊する細
胞内外の DNA（すなわち**環境 DNA**：environmental DNA）を捕捉して解析する
ことで，そこに生息する生物自体を解き明かす技術が環境 DNA 解析である．水
環境に限らず，土壌中の微生物群集をまとめて把握したり，空気中を漂う DNA
や雪上につけられた動物の足跡からの DNA 捕捉など，その応用例は広く拡大し

ている．植物の葉や樹木食痕から捕食者（林業被害においては害虫や害獣）を特定するようなことも可能となっている．

　こうした環境 DNA 解析の端緒となったのは，日本広域に深刻な被害をもたらしたコイに感染するコイヘルペスウィルス KHV の大規模な流行であった．ヘルペスウィルスの量から感染コイの量的評価や，1 尾のコイが放出するヘルペスウィルス量を評価するため，採水した水試料の DNA 解析が実施された際に，コイそのものの DNA も大量に検出されていたことからヒントを得たという（Minamoto et al., 2012）．これに先立ち，環境 DNA 解析に関する論文が公表されていたものの（Ficetola et al., 2008），この段階では，水中から特定生物種の DNA が検出できることが示されただけであり，水中における群集そのものを把握できる可能性を示唆した点で，日本の研究者の貢献は大きい．群集をまとめて捕捉する「メタゲノム解析」については，関連するコラム 8.2 で紹介する．また，環境 DNA 学の歴史的背景についてわかりやすく解説された入門書が出版されているので（源，2022），一読を薦めたい．

　水槽内での実験的解析や，小規模な池沼に特定の生物種が高密度で生息するならば，環境 DNA 解析の有効性は比較的理解されやすい．一方，河川のような流水環境や大規模な湖における有効性や，開放的な海域での適用については，当初，困難視する声も多く聞かれた．しかしながら，今や河川や海域でも有効性が示されており，さらにこうした水流や満干があるような海域などの複雑な環境下においても，採水地点から比較的狭いエリアに生息している生物由来の DNA が検出されていると評価されている．たとえば河川水の解析では，採水地点よりも上流側に生息する生物に由来する DNA が流下してくる可能性があるものの，実際にはせいぜい数百メートル（長くても 1〜2 km）ほどのエリアに生息する種の DNA が検出されるようである．ただし，参照できる研究事例が多くはないので，今後こうした知見が様々な地域の水系において蓄積されることが重要となる．

　ここまで述べてきたように，「どこに，何が生息しているのか？」を把握するうえで，環境 DNA 解析は強力なツールとなりうる．一方，「どれだけ生息しているのか？」といった量的な評価も重要であるが，こちらはとても困難である．環境中から検出される特定種の DNA 量が多ければ，それだけ多くの個体が生息しているか，あるいは現存量（生物量，バイオマス）の大きな個体が生息していることは疑いない．こうした現存量と DNA 量の関係性について，水槽内での現存量（飼育個体数や体サイズ）の操作と，リアルタイム PCR 法で定量される環境 DNA 量との間には高い相関が認められるものの，野外の群集に対して適用する

には様々な困難が伴う．そもそも環境中に漂う細胞内外の DNA が，その場に生息する生物のごく一部を構成したものにすぎず，体外に排出された後には，時間とともに DNA そのものの分解が進行することから，時空間的な要因を加味して検討する必要がある．解析における反復データを多く取ることで，サンプルごとのデータのばらつきを低く抑えることや，多くの研究データを蓄積することにより経験値を高めることが重要となる．

コラム 8.2

環境 DNA からのメタゲノム解析

ある環境における希少種や外来種などといった特定種の生息状況を評価するのであれば，対象種に特有な DNA 配列の存在（有無）を PCR 法によりチェックすればよい．しかし実際には，特定の環境における魚類や両生類などのグループ全体の生息状況をまとめて把握するといった需要も大きい．このような解析をメタゲノム解析といい，環境中の全ゲノムを網羅的に解析することや PCR 法により特定の DNA 領域を網羅的に解析することで行われる．元々は，培養の困難な細菌叢を網羅的に把握する方法として発展してきた技術である．また，こうしたメタゲノム解析は，ハイスループットシーケンシングの技術発展やコンピュータ計算速度の向上により，確立された技術といえる．

こうした群集全体を解明することが目的ならば，そのグループ全体を幅広く検知できる PCR プライマーが必要となる．かつそのプライマーで増幅される遺伝子領域の塩基配列には種を識別可能とする（DNA バーコーディングを可能とする）種差が必要となる．環境中に漂う DNA は，微量かつ断片化が進みやすいため，比較的短い塩基配列でありながら，保存性の高い領域（プライマー・サイト）に挟まれた内部の配列には種ごとに異なる多型の存在が不可欠であり，これらの互いに相反する条件が比較的近傍に兼ね備わる領域を探索することは極めて困難である．しかし，魚類（Miya et al., 2015）や両生類（Sakata et al., 2022），哺乳類（Ushio et al., 2017），鳥類（Ushio et al., 2018）などでは，汎用性の高いメタゲノム解析用のプライマーが開発されてきた．節足動物においても，甲殻類ではメタゲノム解析用のプライマーが開発されてきた（Komai et al., 2019）．これらの汎用性プライマーの開発においても，日本の研究者が大きな貢献をしてきたことは特筆すべき事項である．

一方，昆虫類における環境 DNA 研究は遅滞してきた．水域における特定希少種の生息の有無を検出するようなプライマー開発では成果はあがっていたものの

(Doi et al., 2017)，群集全体を評価するようなプライマー開発は難航をきわめた．昆虫は，生物界随一の種多様性を有し，記載種だけでも約100万種におよぶ．少なくともこの数倍は生息していると推定されるだけに，これらを網羅し，かつ種差を検出できるようなプライマー開発などは無理に違いないと諦められてきたような先入観があったのかもしれない．昆虫分類学におけるDNAバーコーディングは，もっぱらミトコンドリアDNA（mtDNA）のCOI領域内の658塩基が対象とされ，短い配列が有効となる環境DNA解析におけるメタゲノム解析としての試行においても，mtDNA COI領域内に内部プライマーが設計されるような方向で展開されてきた（Leese et al., 2021）．しかし，COI領域内の塩基配列には，昆虫綱内での多型が多く，汎用性の高い内部プライマーの設計自体が極めて困難であった．

このような背景下，mtDNA 16S rRNA内の約200塩基程度の短かな配列でありながら，近縁種の識別を可能とする新規プライマー（MtInsect–16S）が開

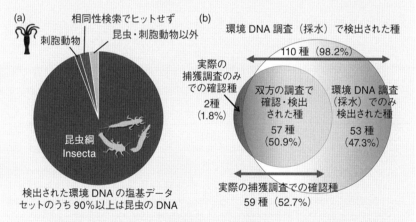

図　神奈川県内の2水系（相模川水系・酒匂川水系）6地点において実施した水生昆虫類の定量・定性サンプリングの結果，および各6地点での水生昆虫類の捕獲調査を実施する前に500 mLの河川水を採水し，環境DNA解析を実施した結果との関係性（a, b）

捕獲調査は「河川水辺の国勢調査」の実施マニュアルに従って実施され，環境DNA解析についてはTakenaka et al.（2023）により開発されたプライマーセットを用いて実施した結果，環境DNA解析が捕獲調査の結果をほぼ包含する98.2%の検出率を示した（b）．検出できなかった2種（1.8%）は低密度で生息していた種であり，手法の問題ではなく，現存量の低さによる非検出と考えられる．環境DNA解析におけるDNA配列の参照データとしては，神奈川県のデータベースを利用した．

発された（Takenaka et al., 2023）．神奈川県内の 2 つの水系において，この新
規プライマーが試行された結果，実際の捕獲調査以上に群集構造を究明しうるこ
とが明らかとなった（図）．さらに，既存の mtDNA COI 領域を対象としたプラ
イマー（Leese et al., 2021）と比べても，はるかに高い検出力を示している．こ
のように，MtInsect–16S プライマーそのものの良質性は確認されており，今後
は mtDNA COI 領域に比べて充実性が低い 16S rRNA 領域での参照配列の充実
化が希求される．環境 DNA 解析において検出された配列情報に基づく相同性検
索において種判別を可能とするには，塩基配列情報のアーカイブ（GenBank へ
の登録配列，すなわち DNA データベース）の充実化が重要となる．

　こうした生物群集のメタゲノム解析において，実際には超並列シーケンサーを
用いたメタバーコーディングが施行されることとなるが，これらの具体的な解析
手順については，井上・中村（編）（2019）『河川生態系の調査・分析方法』のコ
ラムに詳述されているので，ご参照いただきたい．

第 9 章
河川生態系における連続性と物質循環

河川は上流から下流に向かって，周囲から様々な物質が流れ込む一方向的，連続した流水，そして開放性の強い系である．本章では，河川生態系の連続性と陸域・水域内の物質の動態に注目し，これまでの内容を踏まえて第 2 部への架け橋としてまとめる．まず流程に沿って変化する物質の動態について触れ，次いで物質の動態に注目した河川生息場所の特徴と河川生物の役割についてまとめる．

9.1　流程に沿って変化する物質の動態

一般的な河川の有機物質の動態を，流程に沿って，河川上流から下流に向けてその特徴を以下に示す（河川流程に沿った縦断方向の環境変容や生物の移動についての詳細は第 4 章や図 4.2 を参照）．

河川上流域の景観は，周囲が河畔林に覆われている場合が多い．川底まで到達する日射量（光量）が少ないために，石礫表面に付着して光合成を行う付着藻類や，水辺に発達する水生植物群落の現存量は極めて少ない．上流域における河川内への主な有機物の供給源は，河畔林からの落葉・落枝などであり，これが一次生産物となって河川内の物質循環が動いている．このように，河川の外で生産された有機物（外来性有機物，または**他生性有機物**: allochthonous organic matter）が二次生産を大きく支えている．

中流域になると川幅が広くなり，河畔林や河川周辺植物に河道全体を覆われることはほぼなくなる．川底まで届く日射量が大きくなり，水辺周辺の水生植物や石礫面に発達する付着藻類などの現存量が多くなる．河川水内で活発に光合成が行われ，生産された有機物（**自生性有機物**: autochthonous organic matter）が，水生昆虫類や魚類の餌となる．さらに特徴的なこととして，中流域では，河

川周辺からの直接的な落葉・落枝などの有機物供給がなくても，上流や支川などからの落葉・落枝由来の有機物・付着藻類・水生植物の遺骸や剥離した有機物などが流下有機物として流れ下る．そのため水生昆虫や魚類などの二次生産者は，これらの有機物も餌資源として利用できる．すなわち，中流域における二次生産者は餌資源として，河川水内で生産された自生性有機物と，上流・支川からの他生性流下有機物の 2 つの起源の異なる有機物を利用できることとなり，河川全体の生産力も高くなることが知られている．

　下流域では川幅がさらに広くなり，河畔林で河道が覆われることはなくなる．水深がさらに深くなり，川底の照度は低くなる．河床には砂泥が厚く堆積する．周辺植生の影響はさらに低下し，上流からの落葉・落枝・付着藻類や水生植物由来の細かな堆積有機物がゆっくりと流れ下る．中流域で主な生産者となっていた付着藻類に代わり，水中を漂う植物プランクトンによる生産が，一次生産に大きく寄与する．五味（2007）によると，河川下流域における栄養塩類の動態は，上流から運搬される物質の質や量の影響を大きく受ける．

　以上をまとめると，上流域から下流域に向かって連続的に物質が流れていること，各流程区分における一次生産に注目してみると，二種類の食物網をもつ生態系が複雑に関係しながら存在することがわかる．すなわち，**他生性食物網**（allochthonous food web：河道外の河畔林などから落下し河道内に入る有機物

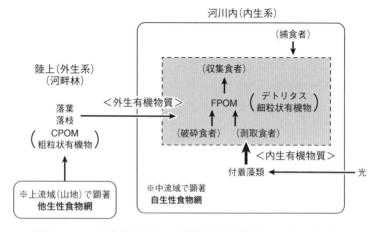

図 9.1　2 つの食物網をもつ河川生態系（平林・白井，2010）

からスタートする食物網）と，**自生性食物網**（autochthonous food web：河道内において付着藻類など，光合成によって生産された有機物からスタートする食物網）である（図 9.1）.

9.2　物質の動態に注目した河川生息場所の特徴と河川生物の役割

　河川を生物の生息場所として捉えた場合，以下の 4 つの特徴が指摘できる（平林・白井，2010）.

　まず 1 つ目は，他の生息場所と異なり，生物が洪水や渇水などの高い撹乱頻度の環境にさらされているということである（第 6 章を参照）. 河川は動的安定系として存在する環境であり，ある程度こうした撹乱に適応できる生物でないと生息できないことを意味している.

　2 つ目は，河床形態に多様性があることである. 小さなパッチ（瀬–淵構造）とその繰り返し配置による様々な形態の生息場所の創出がある. また，横断方向の環境勾配とその連続性も重要である（第 4 章を参照）.

　3 つ目に，大きな方向性があることである. これは，上流から下流へ水が流れることにより，標高の高いところから低いところへと物質が流れ，エネルギーも一方向的に流れることを意味している. 例外として，下流から上流へ向かう生物ポンプ（水生昆虫類の成虫や魚類などによる産卵行動のための遡上）が知られる. Vannote et al. (1980) は，河川周辺の陸域と河川（河川の横断方向），上流域と下流域（河川の縦断方向）のつながりに注目して，河川生態系の構造と機能を上流から下流までの連続的変化として捉える概念的枠組みを，**河川連続体仮説**（River Continuum Concept: RCC）として提唱した（第 4 章を参照）. 生物生産に注目して連続体仮説を解説すると，上流域では，河畔林の影響が大きく河道内の一次生産は小さく，多量の落葉・落枝などの流入により，底生動物群集は破砕者と収集食者が優占し，生物群集の呼吸量（respiration: R）と生産量（production: P）の比（すなわち R/P）は，一般的に呼吸量が相対的に生産量よりも大きくなるために，1 よりも大きくなる. 中流域では川幅の拡大に伴う日射量の増加により一次生産量は増加し，上流で産出された微細有機物

も流下してくる．底生動物群集は剥取食者，ろ過食性収集食者が優占し，R/P 比は生産量が高くなるために，1 よりも小さくなる．下流域では水深の増加と水中を漂う懸濁物質が増加するために，水の透明度が下がり，一次生産量は減少し，微細有機物の流入に依存した堆積物収集食者が優占する．RCC は，あくまで作業仮説であり，どのような河川においても完全に適用することは難しい．

　4つ目は，物質循環の特徴として，他の生息場所と比較して，溶存物質が極めて多いということである．河川生態系における**貯蔵と流れ**（stock and flow）に注目してみると，ある時，ある地点を通過する物質量を考えたときに，溶存有機物（DOM）が量的にはかなり多いものの，そのほとんどがその場で利用されずに素通り（**フロー**）をしてしまっているということである．細粒状有機物（FPOM）もほぼ同様の挙動を示すことが知られている．ある時，ある場所に**ストック**される物質とは，生物体のことであり，その場に物質が留まって，その場に貯蔵されていると考える．つまり，ストックに対してフローが圧倒的に多いシステムである．このシステムは，海洋や湖沼沿岸帯とも似ているが，河

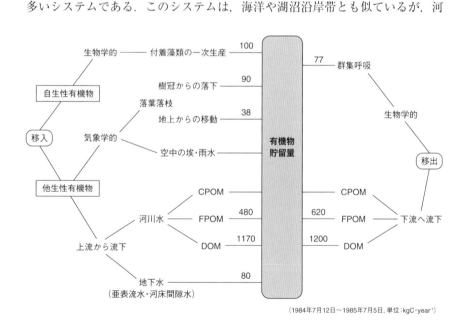

（1984年7月12日～1985年7月5日，単位：kgC·year⁻¹）

図 9.2　山地渓流における有機炭素の年間収支（安田ほか，1989）

川はその典型であるといえる．言い換えると，上流から連続的に物質やエネルギーが供給されることで，生態系が維持されているということである．1つの例として，図9.2に，山地渓流における有機炭素の年間収支（安田ほか，1989）を示した．生態系成立の背景として，① 少ないストックが健全に維持されていること，② ストックとフロー間の物質やエネルギーの交換が常に円滑に行われていること，などが重要となってくる．その中で，物質をその場にストックする仕組みとして，底生動物，特にろ過食性収集食者（造網性昆虫類）が重要な働きをしていることはいうまでもない．また，いったんストックされた物質はその場で底生動物によって何度も形や目的を変えて再利用されていることも報告されている（Hirabayashi et al., 1998）．

第 10 章
河川生態系モデル

複雑な河川生態系を理解することは，河川生物たちの暮らしや周囲に居住する人間の防災などに配慮した河川管理において重要である．しかし，その複雑さゆえに，河川生態系全体を把握することは極めて難しい．1つの方法として，河川生態系をイメージできるモデル（模型）を作ること，すなわち**モデリング**（modelling）が有効な手段となる．建築物を作る際の模型や完成予想図が，実際の建物や土地への建築状況などを具体的にイメージさせるように，複雑な河川生態系の現状をイメージするために河川生態系の全体像や構成要素を要約した**生態系モデル**（ecological modelling）を作成するのである．さらに，生態系モデルと人間が観測・操作しやすい環境・物理情報とを結びつけることができれば，過去や将来の河川生態系の状態を，モデル上で推定・予測することが可能になる．さらに，現状の評価を通してよりよい生態系へ向けての具体的な管理方法なども検討ができるようになる．欧米をはじめとする世界の環境管理では，生態系モデルは環境の現状把握や管理方法の検討に積極的に用いられ，1つの研究分野を形成している．本章では，生態モデリングに関する基礎的な事項を紹介する．

10.1　河川生態系：物理環境と生物群集の相互作用がおりなすシステム

生態系（ecosystem）という言葉の定義として有名なのは Tansley（1935）による「物理的な環境とそこに生息する生物群集の相互作用から構成される複雑なシステム」である（図 10.1）．

河川生態系における構成要素は，大きく分けて，① 水の流れそのものと，その水の流れが運搬する物質，② 流水の状態や外的状態に対する生物の応答，そして，③ 生物相互の関係性である（図 10.2）．本章では，① の水の流れと，その

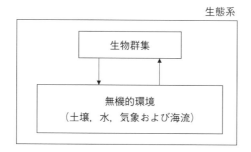

図 10.1 生態系における無機的環境と生物群集の関係性

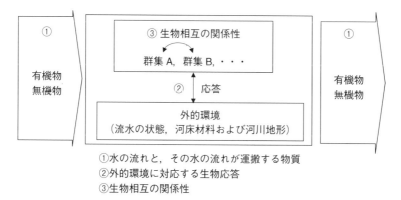

①水の流れと，その水の流れが運搬する物質
②外的環境に対応する生物応答
③生物相互の関係性

図 10.2 河川生態系における水の流れの作用，無機的環境と生物群集の関係性

水の流れが運搬する物質に関連し，水の流れのモデリングに関して 10.3 節で，流水の状態や外的状態に対する生物の応答に関して 10.4 節以降で解説する．

10.2 モデリング：定式化とは

古在ほか（1982）の定義によれば，モデリングとは，「問題とする対象に関する本質的な要素を物理的または数学的用語によって形式的に整った形で表現されたもの」である．より簡潔には，何らかの方法によって，要素間の関係性を簡単に記述し表現したものといえる．

物理的な運動のモデリングはわかりやすい事例であろう．たとえば物体を投げる放物運動において，一定時間後の物体の位置を知りたいとする．実際の放

物運動を観測するには，ハイスピードのビデオカメラなどが必要となり，重さや投げ出しの角度などの変更のたびに観測が必要となる．しかし，放物運動における物体の重さ，投げ出しの角度，重力作用の関係性を数式で表すことができれば，一定時間後の物体の位置などは，数式から導くことができる．これがモデリングである．このような事象の定式化は，本書で対象としている河川環境のような，調査者が直接立ち入ることが難しい水深や流れをもち，広大で時間的な変化が大きいことで直接観測が難しい環境で生じる事象を要約する際に大きな助けとなる．

10.3　水の流れのモデリング

　河川や湖沼あるいは海岸近傍の流れは，質量，運動量あるいは**エネルギー保存則**（law of conservation of energy）を用いて記述される．これらは一般に 3 次元空間で記述されるが，水深や流速や砂礫の輸送など，これらの断面平均値がわかれば目的が適えられることがある．この場合には，流れ方向のみの座標を用いて記述した方程式を用い，堤防決壊による氾濫流など面的に広がる流れの解析が必要な場合には，水深平均の 2 次元方程式が用いられる．いずれにせよ，河川の流れは我々の経験から推察されるように，川の縦横断・平面形状および河床を構成する砂礫材料や河床の凹凸に依存しているようにみえる．詳細は後述する．なお，ここで対象とする水の流れは，水圧によって水の密度は変わらない非圧縮性であることを前提とする．このとき，質量保存則は**連続の式**（equation of continuity）として記述される．

　水の流れを取り扱う学問に水理学がある．水理学は，複雑な河川の水の流れを力学や運動の観点から分析し数式化することで，広大な河川における一部の観測値からでも，数キロから数十キロメートルの範囲における河川の水の流れの状態を算定することを可能とする．

　河川生態学分野における水の流れのモデリングにあたっては，**河川地形**（river morphology），**連続の式**，**エネルギー保存則**および**マニングの平均流速公式**（Manning mean velocity formula）を理解する必要がある．以下に，これらの詳細を解説する．

10.3.1 河川地形

河川は，川の縦横断・平面形状，河床を構成する砂礫材料などに対応して流れる．したがって河川地形を知ることは，水の流れのモデリングの基本となる．

10.3.2 連続の式およびエネルギー保存則

図 10.3 は，河川の流れを単純化し，模式的に示している．流量は流速と流水断面積の積によって次のように定義される．

$$Q = A * V \tag{10.1}$$

ここに Q は流量，A は流水断面積，V は平均流速である．

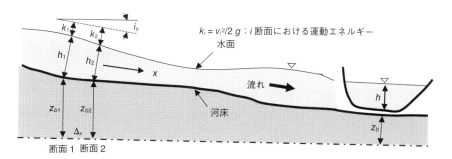

図 10.3 河川における 1 次元流れの模式図

流量は流れ方向に変わらず，一定であることを記述したのが**連続の式**である．これは次のように表現される．

$$\frac{dQ}{dx} = 0 \tag{10.2}$$

ここに，x 軸は流れに沿って定義されている．上式を図の断面 1 から 2 の区間で積分すると，次のようにも表現できる．

$$Q_1 = Q_2 \quad (A_1 * V_1 = A_2 * V_2) \tag{10.3}$$

ここに，Q_i は断面 i における流量，A_i は断面 i における断面積，V_i は断面 i における断面平均流速を示す．

　水流のエネルギーは，運動エネルギーと圧力エネルギーと位置エネルギーで
ある．これらは単位体積の水のエネルギーを用いて記述されるが，これらを長
さの次元を用いて記述すると，きわめて便利であり，それぞれ速度水頭，圧力
水頭，位置水頭のような呼び名がある．呼び名にこだわる必要のないときには，
単にエネルギーといっても差し支えない．

　河川の断面における単位体積当たりの水のエネルギーは長さの次元を用いて
次のように記述される．

$$E = \frac{v^2}{2g} + h + Z_b \tag{10.4}$$

ここに，E は単位体積当たりの水のエネルギー，h は水深，Z_b はある基準面か
ら図った河床高である．上式右辺は，運動エネルギー（速度水頭）と水面の位
置エネルギー（位置水頭）の和である．この表現は流れの中の水圧は特別な場
合を除いて位置エネルギーと等価であることを意味している．

　水はエネルギーの高いところから低いところに向かって流れる．このことを
表現したのが**エネルギー保存則**である．河川の断面 1 と断面 2 の間のエネルギー
の保存則は，以下の式で表される．

$$\frac{d}{dx}\left(\frac{v^2}{2g} + h + z_b\right) = -i_e \tag{10.5}$$

　ここに，$-i_e$ は，エネルギー勾配である．この式は，断面 1 と断面 2 の間の
距離を Δx とすると，次のように表すこともできる．

$$\left(\frac{v_2^2}{2g} + h_2 + z_{b2}\right) - \left(\frac{v_1^2}{2g} + h_1 + z_{b1}\right) = -i_e \Delta x \tag{10.6}$$

　上式において，$-i_e = 0$ とすると，これはエネルギー損失のない理想流体の流
れを記述したことになる．これはベルヌーイの定理に相当する．この場合，実
際の河川では河床勾配があることから，流速は無限に増加して我々が想像できな
い恐ろしい流れが生じることになるが，実際には流れの内部摩擦によってエネル
ギー損失が生じて，水に作用する重力 $(d(h+z_b)/dx)$，水の加速 $((v\cdot(\frac{dv}{dx}))/2g)$
およびエネルギー損失 (i_e) の間の関係の中でおさまりがつくようになっている．

　具体的には，流量の定義 $v = Q/A$ を式（10.5）あるいは（10.6）に代入し，
流水断面積が水深 h の関数であることを考慮すると，エネルギー勾配が流速や

水深の関数として与えられることによって，所定の流量に対する水深の縦断分布が算定される．すなわち，図 10.3 に示しているように河川の縦横断形状が既知であれば，各流量に対する流れの水深が求められる．

10.3.3 マニングの平均流速公式

マニングの平均流速公式は，流れ方向に流速が変化しない等流において，流速と勾配と水深の関係を記述した経験則であり，次のように定式化されている．

$$v = \frac{1}{n} R^{\frac{2}{3}} i^{\frac{1}{2}} \tag{10.7}$$

ここに，n はマニングの粗度係数，i は河床勾配，R は径深であり次の定義である．

$$R = A/s \tag{10.8}$$

ここに，s は潤辺（水と流水断面が接する周辺長）の長さであり，流水断面が矩形で，矩形断面の長い辺（水面と川底）が B，短い辺が $2h$（水深が h）の時，$s = B + 2h$ である．したがって，水深に比べて川幅が広く $h/B \ll 1$ の場合には，$R = h$ と置くことができて，かつ等流近似できる流れで粗度係数が明らかであれば，流量に対する水深が容易に求められる．

粗度係数は，河床表面の粗さに応じて定められる係数であり，次元をもっているので，適用にあたっては，単位に注意する必要がある．ふつう n は $\mathrm{m} - \sec$（長さ − 時間）の次元の単位を用いて定められている．

式（10.7）の河床勾配をエネルギー勾配に置き換えて，これを式（10.5）あるいは（10.6）に用いれば，各流量に対する水深の縦断分布が算定される．このように，マニングの平均流速公式は，河床の縦断形状に対する水面形状を算定するに際しても用いられている．

10.4　生物の生息・生育環境のモデリング：物理環境と生物群集の関係性の定式化

ここでは，10.1 節において，② 流水の状態や外的状態に対する生物応答とした，環境要因と生物の関係性について説明する．

　生物を取り巻く外的状態，たとえば生息・生育環境や環境を特徴づける物理環境は，生物がどのように生き抜くかといった生存戦略や，多くの子孫を残すための繁殖戦略などと深く結びついている．たとえば鳥類の子育てを例にすると，捕食者にみつかりにくい環境を巣場所として選択しながらも，同時に雛に与える食物をできるだけ少ない労力でたくさん得られる環境を好むであろう．すなわち生物が生息する環境を評価する際に考慮すべき環境要因は複数あり，それらの環境要因の組み合わせが重要な意味をもつのである．

　このような考え方をモデル化する方法として，おもに魚類を対象とした**物理生息域モデル**が提案されている（玉井，2004）．モデルを構築するにあたり，まず評価対象となる生物の空間選択に影響を与える環境要因の選択を行う．魚類は水の中で各種が行動しやすい流速空間を選択するため，水深と流速は重要な環境要因となる．水深が著しく浅く，流速が著しく早い空間では，魚は生息することができない．また，高温だと酸欠などで生存できないといった理由から魚にとっては水温も重要である．水深が十分にあり，適切な流速で水が流れていると水温が適切に保たれることが多い．この場合，水深と流速を環境要因として選択するとよいと考えられる．次に，各環境要因と生物群集の関係性を定式化する．簡明な方法としては，横軸に流速や水深などの環境要因，縦軸に対象種によるその環境の利用頻度や滞在時間など，選好性を表す指標となる変数をとり，最大値を 1 として標準化（standardization）した選好曲線を描いて評価を行う（図 10.4）．「標準化」とは，複数あるデータの平均をゼロ，分散を 1になるように変換し，特性が異なる複数のデータセットを比較しやすくするよ

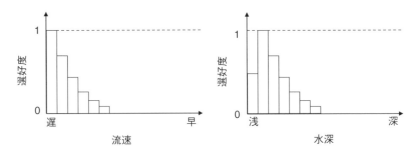

図 10.4　複数の定式化により算出された評価値の組み合わせ

うに行う処理である．続いて，複数の定式化により算出された評価値を組み合わせる．鳥類を例として説明したように，生物が生息地を選択する場合，選択に影響する環境要因は複数あるため，各環境要因をもとに作成した選好曲線を組み合わせて新たに作成した指標で記述する（図10.5）．

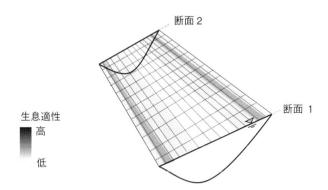

図10.5　各環境要因をもとに作成した選好曲線を組み合わせて新たに作成した指標での生息適性を示した図のイメージ
玉井（2004）を参考に作成.

10.5　生態モデリング

　ここでは，10.1節において説明した「③生物間の関係性」に関するモデルについて説明する．複雑な生物間の関係性を扱うモデルの構築に際しては，数理生態学を適応することで対象となる事象を捉えやすくなる．数理生態学とは，個々の生物や生物間の関係性を，実験や観察から示唆される仮定や法則に基づいて，数学的手法を用いて解析する研究分野のことである（巌佐，2003）．モデル構築の際の着眼点も様々であり，たとえば特定の種の集団（個体群），集団の世代構成，種間の資源獲得競争などが挙げられる．

　同種の集団に着目したモデルには，**指数関数モデル**（exponential function model），**ロジスティックモデル**（logistic model）などがある．指数関数モデルは，次式に示す時間と定数により急激な集団の成長を仮定するモデルである（図10.6）．

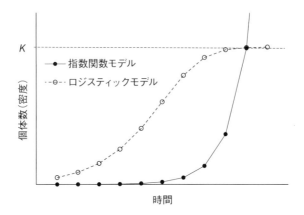

図 10.6 指数関数モデルとロジスティックモデル

$$y = y_0 e^{rt} \tag{10.9}$$

ここに，y：時刻 t における個体数密度，y_0：時刻 $t = 0$ における密度，r：定数，e：自然対数における底である．

しかし，指数関数的な集団の適用範囲はあまり広くない．一般的に集団サイズが増加すると，餌などの成長資源や生息可能環境，いわゆる環境収容力による制限を受けるため，個体数密度はいずれ一定の状態に落ち着く．このようなモデルをロジスティックモデルといい，利用資源に限りがある場合の集団動態を記述する古典的・基礎的なモデルである（古在ほか，1982）．

$$\frac{dN}{dt} = r \left(1 - \frac{N}{K} \right) N \tag{10.10}$$

N：個体数，t：時間，r：内的自然増加率，K：環境収容力

式（10.10）の左辺は時間の経過（dt）に伴う個体数変化（dN）を示す．個体数 N が環境収容力 K と比較して小さいときは，右辺の N/K が 0 に近いため，内的自然増加率 r をそのまま乗じたのと近い状態で個体数が増加する．個体数 N が環境収容力 K と比較して大きくなると，内的自然増加率 r に 1 以下の係数が乗じられ，内的自然増加率の効果が減じられ個体数の増加が鈍化する．一般に，生物の個体数増加は指数関数モデルのように増加をし続けることはできず，環境による制限（環境抵抗）を受けることが多い．ロジスティックモデ

ルは，このような現象を表現する基礎的なモデルである．個体数が少ない時，N が 0 に近い時は内的自然増加率に従い増加するが，特定の環境で生息・生育できる個体数には上限がある（環境収容力と呼ばれる）ので，N の増加に伴い N/K が 1 に近づき個体数の増加が 0 に近づく．そのため，時間の経過とともに，S 字カーブを描くように，個体数は一定の値に収束していく．

　生物学的な現象を数学的な手法を用いて読み解く数理生態学のモデルとは対照的に，対象とする現象に関連する様々なプロセスを取り込みながら現象を全体的に評価し，定量的な予測を目指すのが生態モデリングもしくはシステム生態学とよばれる分野におけるモデルの役割である（巌佐，2003）．複数のプロセス（時にこれらのプロセスはサブモデルとして構築される）を取り込んでモデルを構築するため，それぞれのプロセスに関わる変数も多くなり，より現実に近いモデルになることが期待できる．変数が多いため，コンピュータシミュレーションなどで処理されることが多い（久保，2003）．

10.6　環境要素の変化に応じた生物の生息・生育に関する評価：ダイナミックモデル

　前述した物理生息域モデルは，環境要素が決定すると生物の生息・生育も決定されるという論理に基づいている．つまり，実際の生物の生息・生育を反映しているわけではなく，あくまで環境要因に基づいた可能性（ポテンシャル）の推定に留まるのである．実際の生物の生息・生育の有無や状況は，特定の環境条件で生息・生育できる収容力（例：最大密度）を示す環境収容力だけでなく，餌資源，競争者や捕食者との関係などに合わせて変化する．このような動的な変化をモデルで表現するには，関連する何らかの周辺環境情報を生物の生息・生育環境に反映させる動的な取り込みが必要となる．動的な変化を表すモデルの代表的なものが**ダイナミックモデル**である．

　本書の第 15 章では千曲川の生態系のモデリングについて解説するが，河川生態系の重要な一次生産者である付着藻類の増殖速度にダイナミックモデルを適用している．出水からの経過日数に対応し，その現存量変化を再現するのに用いている（図 10.7）．出水からの経過日数，水の流れが付着藻類を押し流す力

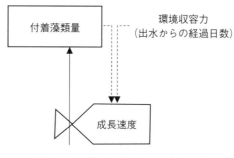

図 10.7 ダイナミックモデルの例

を示す掃流力，魚類や水生昆虫の捕食圧のバランスで変化する．掃流力について
は，流量の変化に伴う変動性が高く，一通りの方程式では再現が難しかった．
ダイナミックモデルを用いることにより，出水からの経過日数に応じて増加す
る付着藻類量が，流れの状態や捕食圧により決まる環境収容力に応じて，一定
量に収束する様子を再現できるようになった．

10.7 コンパートメントモデル

　本章では，河川地形や水の流れ，生物の集団および群集に関連するモデルを
総覧的に説明した．ここまで説明してきたモデルは，特定の生物や限定された
生物群に着目してきたモデルである．しかし，複雑な河川生態系を表現するに
は，これらのモデルだけでは時間的変動性への対応が十分とはいえない．同じ
区間を観察していても，河川生態系を構成する物理環境および生物は変動する．
たとえば，季節の移り変わりに伴う生物の出生，死滅および移動，流量変動（洪
水，渇水など）に伴う河川地形の変化や水生生物の生息・生育場所の変化など
が生じる．そのたびに，これらの関係性を一から書き直す作業は，多くの労力
を必要とする．

　この課題に対応するモデルとして，**コンパートメントモデル**（compartment
model）がある．コンパートメントモデルとは，生態系を含む環境を構成してい
る要素を目的に適うように取捨選択して組み合わせ，相互体系化して表したもの
（楠田ほか，2002）をいう．国際生態モデル学会では，コンパートメントモデルは

時間的変動性を伴うモデルを扱いやすいという特性を評価している（Jørgensen and Fath, 2011）．

　コンパートメントモデルは，河川生態系を構成する研究対象の特性に合わせて適切なモデルを選択できる利点をもつ．本章で紹介したモデルを組み合わせる場合，まず河川の流れに関しては，連続の式，エネルギー保存則を応用して流量に応じた河川の流れを計算する．河川の流れのモデリングは，物理則に従うため，適切に条件・パラメータを設定すれば，時間的変動性への対応は可能である．しかし，生物に関しては，河川の流れとは異なる特性をもつ．

　河川生態系の食物連鎖に着目すると，太陽光，溶存酸素および栄養塩を活用して行われる一次生産と一次生産物を水生昆虫や魚類などが食べ成長・生産する二次生産に大きく分けることができる．一次生産，二次生産の役割を担う生物は，季節により入れ替わる．河口から河川中流域まで季節により移動するアユが好例である．春期から夏期にかけて河口域から河川中流域へ移動したアユは，藻類を食べて成長し，晩夏から秋にかけて河口へ移動し産卵する．秋期にアユがいなくなった河川生態系の二次生産部分には，千曲川においては，ウグイ，オイカワなどの雑食性の魚類がその役割を果たす．アユの生態に着目しモデリングを行うような場合には，前節までに説明した個々の生物種に着目したモデルを用いるのが適しているが，河川生態系の食物連鎖を一連で評価する場合には，食物連鎖を一次生産，二次生産の一連としてモデル化しておき，夏期におけるアユの役割を雑食性の魚類に置き換えるなど，ある機能を担う生物をその変化に応じて入れ替えることができるのはコンパートメントモデルの利点である．

　このように，コンパートメントモデルを用いると，現状の河川生態系に変化が生じた場合に，どのような影響が生じてくるのかを検討することが可能となる．コンパートメントモデルの具体的な事例については第15章で紹介する．

コラム 10.1

河川行政の歴史および近年の動向

　河川行政の基本法として，1896年に旧河川法が制定された．このころは，都道府県ごとに河川を管理しており，内容は治水に関する事項が中心であった．そ

の後の水利行政の進展とともに，1964 年に治水・利水に関する事項を水系一貫で管理する新河川法が制定された（粟谷，1965）．そして，高度経済成長期を経て，河川水質の悪化や生態系の変化ならびに自然環境や水辺空間に対する国民の要請の高まりなどの影響を受けて，新河川法に「河川環境の整備と保全」を加える改正が 1997 年に行われた．近年では，2015 年の関東・東北豪雨災害の甚大な被害を受けて，「施設の能力には限界があり，施設では防ぎきれない大洪水は必ず発生するもの」という考えのもとに，国土交通省は「水防災意識社会再構築ビジョン」を策定した（国土交通省ホームページ a）．

その後，河川管理者が主体となって行う治水対策に加え，氾濫域も含めて 1 つの流域として捉え，その河川流域全体のあらゆる関係者が協働し，流域全体で水害を軽減させる治水対策である「**流域治水**」への転換を進めることが提唱され，2021 年に全国すべての一級水系において「流域治水プロジェクト」が策定・公表された（国土交通省ホームページ b）．具体的には，流域の市町村などが実施する雨水貯留浸透施設の整備や災害危険区域の指定などによる土地利用規制・誘導，都道府県や民間企業などが実施する利水ダムの事前放流や遊水地（コラム 3.1 を参照）の設置などを含めた治水対策の全体像を考えながら，様々な対策が全国各地で進められている．

第 **2** 部
河川中流域における生物生産：
千曲川を例に

　第1部では河川生態系の特性について概説し，「場」としての物理的な構造特性や，水質などの化学的な特性，生物生産の基盤となる生物群集の特徴などについて解説した．さらに，流域ネットワークとしての水系内の環境と生物との関係性や遺伝構造，河川生態系に特徴付けられる「動的安定系」や生物相互作用などについて解説した．また，近年，注目を浴びてきている河川生物の集団構造や遺伝構造の解析手法や生態系モデルについても紹介した．

　第2部では，河川生態系の中でも，とりわけ生物活動が活発に行われている河川中流域において，長野県の千曲川を具体的な例として取り上げ，生物生産速度に注目して最新の研究成果を取りまとめている．河川中流域は陸域と水域の生態系機能と構造が多くの要因によって影響を受け，時間的にも，空間的にも複雑に相互に関連性をもって変動している．そのため解析が難しく，研究対象地域としてはこれまであまり取り上げられてこなかった．しかし，人々が最も川と接する機会の多い地域の1つでもあり，近年，注目されつつある流域である．また，内水面漁業の振興に関する法律が2014年6月に成立して以来，川や湖などの内水面漁場における生物資源の増殖や，その管理について議論がなされてきたが，河川自体にどの程度の生物生産力があるのか，どの程度のキャパシティーやポテンシャルがあるのかなどの具体的な現場の状況が不明のまま，議論や検討がなされてきた．

　こうした点を踏まえ，第2部では，まず第11章で生物生産について解説し，日本におけるこれまでの主な生物生産に関する総合研究について触れる．第12章では人々の生活との関わり合いが強い中流域の特性について，千曲川を例にまとめた．第13章では，千曲川中流域において実施された生物生産に関わる総合調査・研究の概要を各分担研究者が解説する．微生息場所から流域スケールまで，細菌から鳥類までの幅広い生物群集を扱い，千曲川生態系の生物生産力について取りまとめている．また，第8章で取り上げた流域スケールでの生物の集団構造と遺伝構造についても水生昆虫類を対象に第14章で研究成果を紹介する．第15章では第10章で解説したモデルの応用として，湖沼では頻繁に用いられているコンパートメントモデルを河川に応用した実例と，それを用いた生産性管理基準の提案をトライアルに示す．

千曲川および研究対象地区の概要

　千曲川は甲武信ヶ岳（2,475m）に源を発し，長野市において犀川を合わせて北流し，長野・新潟県境で信濃川と名を改める．信濃川は一級河川で，日本で最も流路延長の長い河川である．常田地区は上田市に位置する常田新橋から上田橋を中心とした約1,500mの区間である．河原は中流区間特有の砂礫で構成されており，平均河床勾配は，1/180程度，蛇行を繰り返しながら瀬と淵を形成する中流域の景観が顕著である（セグメント1）．また，岩野地区は長野市岩野地先に位置する岩野橋を中心とした約1,000mの区間である．平均河床勾配が1/1,000程度，複列砂州と交互砂州の混在領域となっている（セグメント2-1）．

図1　千曲川・信濃川流域図と常田地区，岩野地区の位置

河川生態学術研究と千曲川研究グループ

　今回の総合研究で取り組んだ研究対象は千曲川中流域であり，河川生態学術研究会千曲川研究グループ第4フェーズ（2015〜2020年）により実施された6年に及ぶ調査・研究の成果である．河川生態学術研究会は，河川が本来もっている自然環境の役割を見直し，河川管理の在り方を再検討するため，生態学と河川工学の研究者の双方が協働し，新しい河川管理に向けて総合的な研究を進めることを目的に創設された全国的な組織である（図2）．詳細は以下のホームページを参照のこと．https://www.rfc.or.jp/seitai/seitai.html

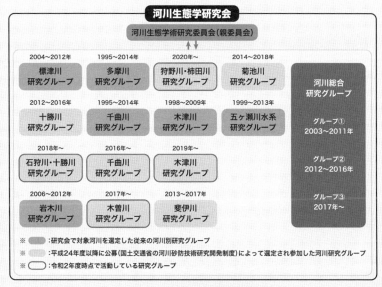

図2　河川生態学術研究会

　千曲川研究グループは，1995 年の河川生態学術研究会設立当初から多摩川研究グループとともに研究を開始し，2020 年で 25 年となった．また，最近の実施体制は図3 のごとくである．第 13 章では，この構成メンバーが，各研究分野の内容をかみ砕いてわかりやすく解説した．

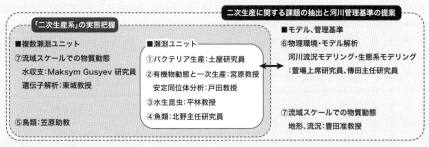

図3　「河川中流域における生物生産性の機構解明と河川管理への応用」研究の実施体制

第11章
生物生産とは何か

　生物生産とは，生物が外界に存在する物質を材料として自己のからだを作り上げること，またはその過程をいう．本章では，まず生物生産の概念を解説し，河川における生物生産の特徴について述べる．次いで，日本における河川をフィールドとした生物生産の主な研究史と，日本を代表する信濃川の上流部に位置する千曲川において進められた生物生産のこれまでの研究概要について述べる．本章の内容を踏まえた第13章では，各生物群での生物生産についての具体的な研究成果について解説する．

11.1　生物生産

　生物生産（biological production）とは，一定地域内で一定時間に生物により合成される有機物量，または合成された有機物として固定されたエネルギー量のことである．生物生産は生物の生活にとって最も基本的な機能の1つであり，生態系における物質循環の駆動力となっている．

　一次生産とは，無機物質から有機物質を合成することをいい，基礎生産とも呼ばれる．緑色植物などが，一定時間内に光合成によって生産した有機物の総量を**総生産量**（gross production: Pg，または総一次生産量）と呼ぶ．また，上記の時間内に呼吸によって二酸化炭素や水に無機化された有機物の量を**呼吸量**（respiration: R）と呼ぶ．さらに総生産量から呼吸量を引いた値を**純生産量**（net production: Pn，または純一次生産量）と呼ぶ．純生産量のうち，多くは成長に回されるが，途中で消費者である動物などによって摂食されたり（被食量: predation: P），枯死して脱落する部分（枯死量: dead materials: D）がある．したがって，ある時間内での純成長量（G）は純生産量から被食量と枯死量を差し引かなくてはならない（図11.1）．

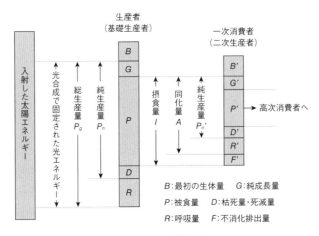

図 11.1　生物生産
松本（1993）より一部改変.

　一方，**生物生産力**（productivity）とは，速度を示すものであり，生産力ま
たは生産速度といい，一定面積当たり・時間当たりの純生産量，または総生産
量で表される．生物生産の結果としての**現存量**（standing crop），または**生物
量**（biomass：ある時点である空間内に存在する生物体の量，純生産量が年々
蓄積したもの）とは区別されている（本書では，現存量で統一する）．生産力
は，独立栄養生物による**一次生産力**（primary productivity，または基礎生産
力）と従属栄養生物による**二次生産力**（secondary productivity）とに区別さ
れる．一次生産力は上述の通り，光合成によって作り出される有機物に太陽エ
ネルギーが変換される速度であり，単位面積当たり・単位時間内に固定された
エネルギー量で表される．通常，有機物質の乾燥重量（g/m^2·year），またはエ
ネルギー量（kcal/cm^2·year）で表される．二次生産力とは，動物などの消費者
がある一定期間内に有機物を食べて自分の体に同化した量のことをいう．二次
生産力は必然的に一次生産力に依存している．

　地球上における人口の増加は，食料問題や廃棄物問題など，様々な社会問題を
引き起こしている．1960 年代中頃から約 10 年にわたり，世界各国共同で将来
の食料枯渇を予測し対策を立てるために，国際生物学事業計画（international
biological program: IBP）が行われた．食料生産の基礎を明らかにするために，

世界各地の様々な自然生態系において，生物生産力が計測された．地球上における生物生産力の分布は極めて不均一である．世界全体の年間の純一次生産量力は170×10^9 t/year と推定され，その内の115×10^9 t/year（67.6%）が陸域生態系によるものであった．地球表面積の約70%が海洋で占められているにもかかわらず，陸域生態系の純一次生産力の合計は海洋のそれに比べて2倍以上あることが明らかとなった．単位面積当たりの純一次生産力が最も高い生態系は藻場とサンゴ礁であり（2,500 g/m^2·year），熱帯多雨林の2,200 g/m^2·year を上回っている．沼沢と湿地も2,000 g/m^2·year と高く，湖沼と河川は250 g/m^2·year で沼沢と湿地の1/8程度であった（表11.1）．

近年，生態系を評価するための手段として，「密度や構成種などの群集構造の

表 11.1 各種生態系における純生産量と現存量（Lieth and Whittaker, 1975）

生態系のタイプ	面積 (10^6 km^2)	単位面積当たりの純生産量 (g/m^2·year)		世界の純生産量 (10^9/year)	単位面積当たりの現存量 (kg/m^2)		世界の現存量 (10^9 t)
		範囲	平均		範囲	平均	
熱帯多雨林	17.0	1,000～3,500	2,200	37.4	6～80	45	765
熱帯季節林	7.5	1,000～2,500	1,600	12.0	6～60	35	260
温帯常緑樹林	5.0	600～2,500	1,300	6.5	6～200	35	175
温帯落葉樹林	7.0	600～2,500	1,200	8.4	6～60	30	210
北方針葉樹林	12.0	400～2,000	800	9.6	6～40	20	240
疎林と低木林	8.5	250～1,200	700	6.0	2～20	6	50
サバンナ	15.0	200～2,000	900	13.5	0.2～15	4	60
温帯イネ科草原	9.0	200～1,500	600	5.4	0.2～5	1.6	14
ツンドラと高山荒原	8.0	10～400	140	1.1	0.1～3	0.6	5
砂漠と半砂漠	18.0	10～250	90	1.6	0.1～4	0.7	13
岩質および砂質砂漠と氷原	24.0	0～10	3	0.1	0～0.2	0.02	0.5
耕地	14.0	100～3,500	650	9.1	0.4～12	1	14
沼沢と湿地	2.0	800～3,500	2,000	4.0	3～50	15	30
湖沼と河川	2.0	100～1,500	250	0.5	0～0.1	0.02	0.05
陸地合計	149		773	115		12.3	1,837
外洋	332.0	2～400	125	41.5	0～0.005	0.003	1.0
湧昇流海域	0.4	400～1,000	500	0.2	0.005～0.1	0.02	0.008
大陸棚	26.6	200～600	360	9.6	0.001～0.04	0.01	0.27
藻場とサンゴ礁	0.6	500～4,000	2,500	1.6	0.04～4	2	1.2
入江	1.4	200～3,500	1,500	2.1	0.01～6	1	1.4
海洋合計	361		152	55.0		0.01	3.9
地球合計	510		333	170		3.6	1,841

評価（structural measures）」と「物質循環やエネルギー・フローなどの機能的
評価（functional measures）」を組み合わせた方法が推奨されており，この両
者をカバーする方法の 1 つに生物生産（特に二次生産）の分析があると報告さ
れた（Dolbeth et al., 2012; Buffagani and Comin, 2000）．また生物生産の推
定は，生物相互作用や環境条件などの影響を受けるため，環境変化や人間の活
動からの影響を評価する手段ともなり，重要な指標の 1 つとして報告されてい
る（Dolbeth et al., 2012; Buffagani and Comin, 2000）．

11.2　河川における生物生産

　沖野（2002）の解説によると，河川の水質成分は一般的には水源から流下する
とともに濃度を増加させるが，閉鎖水系に近い湖沼と比較すれば，その濃度は低
い．しかし低い濃度であっても常に上流からある一定濃度の水が流下してくる
ので，河床の礫上に付着する藻類や水生植物にとっては十分に栄養が供給され，
同じ栄養塩濃度の湖沼よりも高い生産力を維持することができる．これが河川
一次生産の特徴の 1 つである．河川の藻類は「水深が浅い」という光に対する利
点を生かして，底部に付着することで濃度の低い栄養成分を有効に利用する生活
形態をもっている．こうして水中で生産された**自生性有機物**（autochthonous）
に加え，河川の場合には河川の外から供給される落葉・落枝などの**他生性有機
物**（allochthonous）が加わり，これらを利用する水生昆虫類などの二次生産者
に大きく影響を与えている（第 9 章を参照）．このように，河川は有機物の流れ
が複雑であり，また，生物生産の場としても不安定である．

　河川の生物生産量は，生物種の生活史と生物相互の関係によって，大幅に変
化することが報告されている（川那部，1963, 1970）．すなわち，従来から生物
生産の推定に用いられている「ある地域に棲む生物全体，またはある生活型グ
ループが単位時間内に増加し，あるいはエネルギーを取り入れ，あるいは呼吸に
よって失う量そのもの」だけに注目し，記載するだけでは本来の生物生産を計
測していることにはならない，という指摘である．生産量を調査するにあたっ
ても，従来一般的に行われてきたような，単なる「有機物質の生産と転換・消

費と分解」の観点だけからでは結論が得られないと指摘されている.

　これまで，日本の河川は大陸の河川と比較して，水源から海までの距離が短く，急流が多いため，プランクトン類はほとんど河川水中に存在せず，付着藻類のみが生育しているといわれてきた．しかし，流量の多い河川では，大陸の河川で広く知られている現象と同様に，河川性プランクトン類が重要な役割を果たしていることが明らかとなってきた．水の流れが速く浅い瀬，浅いワンド・たまり，湿地などでは，大型水生植物とともに付着藻類が一次生産の大きな部分を占めていることが多いが，流れが緩やかな深い淵，深いワンド・たまりなどでは，大型水生植物の分布は沿岸部に限られ，一次生産者の大部分は植物プランクトン類，浮遊藻類の可能性が高い．

11.3　日本における河川をフィールドとした生物生産に関する総合研究

　日本国内では，水生生物に関する生態学的な研究は多くなされてきたものの（津田，1962），河川における生物生産に関する研究報告は極めて少なく，1970年代にJIBP（Japanese Committee for the International Biological Program）により実施された2河川（奈良県の吉野川と北海道の遊楽部川）の総合研究調査成果（Mori and Yamamoto, 1975）が主なものである（図11.2）．遊楽部川はサケを中心とした生物生産に関する研究フィールドとして取り上げられており，吉野川は日本の河川を代表する水系として位置づけられ，生物生産に関する知見が蓄積された．特に吉野川水系の高見川においては，水生昆虫類の二次生産力は，植食性の水生昆虫類で $85.5\,\mathrm{g/m^2 \cdot year}$，肉食性の水生昆虫類で $18.4\,\mathrm{g/m^2 \cdot year}$ と見積もられ，植食性の水生昆虫類の中では特に造網性のトビケラ類（特にヒゲナガカワトビケラ）の生産力が高いことが報告された．魚類の生産性についても消費する餌種により，タカハヤ，アマゴ，アユ，ウグイなどについて，各々推計されている．これらの研究以降，生物生産に関する総合研究は大きく進展していない（川那部，1963；岩熊，1986；沼田ほか，1993）．

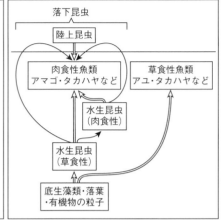

キソペタヌ川（遊楽部川水系）　　　高見川（吉野川水系）

図 11.2　奈良県吉野川と北海道の遊楽部川の生物生産構造図（Kubo, 1975）

11.4　千曲川中流域における生物生産に関する研究

　千曲川は長野県を流れる一級河川で，日本で最長の河川である信濃川の上流域（長野県内）にあたる．千曲川における生物生産に関する研究は，河川生態学術研究会千曲川研究グループ第 1 フェーズ（1995〜2002 年）で進められ，「千曲川総合研究—鼠橋地区を中心として（沖野外輝夫代表）」と題して現場のデータを基に，初めて量的な関係が明らかにされた（沖野，2001, 2002）．沖野（2001）によると，千曲川中流域における河床付着藻類の年間総生産量は，炭素に換算して平均 1,056 gC/m^2·year であり，付着藻類自体が呼吸によって消費する量は 272 gC/m^2·year であると推計している．総生産量から呼吸量を差し引いた 784 gC/m^2·year は，下流域に流出あるいは消費者（植食性の水生昆虫類や魚類など）に利用されていると推察している．また，消費者による二次生産量は，付着藻類の純生産量の 20〜30% であると仮定して，194 gC/m^2·year と推計している（図 11.3）．このフローチャートは，JIBP 以来の付着藻類を中心とした物質循環の研究成果であり，日本の一級河川中流域における河川生態系の生物生

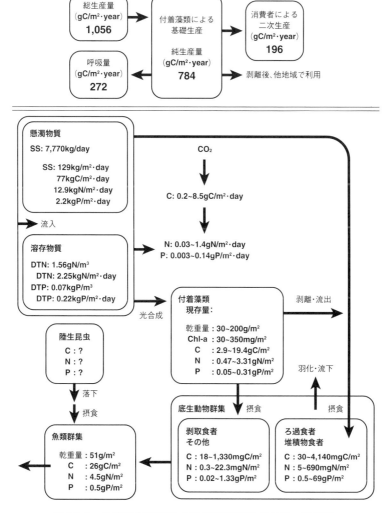

図 11.3　千曲川中流域における物質収支（沖野，2001）

産の量的関係を明らかにした先駆的な成果でもあった．

　その後，千曲川研究グループ第 3 フェーズ（2008〜2013 年）の時に「千曲川総合研究 III —千曲川中流域の試験的河道掘削と生物生産性に関する研究（中村浩志代表）」として，初めてモデル計算による生物生産へのアプローチが行わ

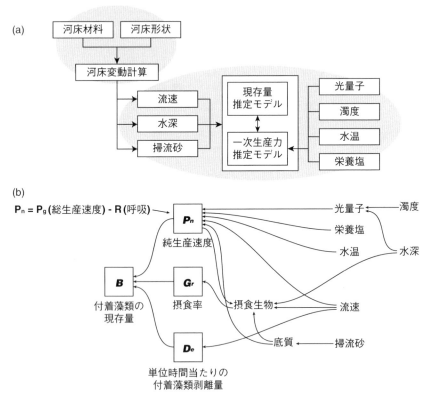

図 11.4　一次生産力と現存量を推定するための数理モデル（萱場, 2014）
（a）計算の概要，（b）モデルの概要．

れた（萱場, 2014）．まず萱場（2014）は，一次生産力および，現存量を時空間的に予測する数理モデルを構築した．さらに，このモデルに，河床変動計算モデルを組み合わせ，千曲川中流域における一次生産力の流程変化を評価することを試みた（図 11.4）．

11.5　河川における生物生産に関する研究課題

　河川・湖沼の生物群集・生態系の保全・復元には，生物生息場所の質と構造，そして生物生産の 2 つが重要な視点となる．多自然川づくり・自然再生事業の

進展に伴い，河川・湖沼においては生物生息場所に関する評価・予測が行われるようになってきており，一定の成果を挙げてきている．一方，生物生産に関しては，湖沼では古くから研究・モデル化が行われ，その成果は実務上の管理にも応用されている．河川においては，1970 年代に研究が進展した後は，フィールドでの調査の難しさなどの理由から研究が停滞している．さらに近年では，河川の生物を取り巻く環境が大きく変化してきている．たとえば，オオクチバスやコクチバスなどの肉食性外来魚の侵入により，在来魚の現存量が大きく減少し，河川生態系の構造が変化してきており，これまでとは異なる「物質循環と生物生産」の形成が推測される．

　以上のことから，再度，河川生態系における「物質循環と生物生産」に関する詳細な研究を進める必要性が出てきた．近年の観測技術や分析技術の急速な進展，数値計算技術の発展・普及に伴い，一次生産を中心とした調査・研究では一定の進捗が認められ，「物質循環と生物生産」の実態解明の実現性は極めて高くなってきている．しかし，実河川における二次生産までを含めた生物生産の実態把握とそのモデル化は未だ不十分であり，魚類現存量の減少をはじめとする河川生態系の二次生産低下の原因解明や，これら諸問題を解決するための河川管理上の留意点などの把握には至っていない．

　千曲川研究グループ第 4 フェーズ（2015〜2020 年）時の研究テーマは「河川中流域における生物生産性の機構解明と河川管理への応用（平林公男代表）」であり，研究目的は，以下の点に焦点を当てた．すなわち「河川中流域の瀬・淵ユニットにおいて，観測・分析技術を駆使し，物理環境と一次生産や二次生産を一連の系として捉え，その実態を現場で把握し，量的な関係を明らかにすること．また，生物生産性の変遷を再現できる数値モデルの開発により，二次生産に関する課題の推定と生物生産を良好に保つための河川管理基準の提案を行うこと」である．以降の章では，その概要について，各研究分担者が自身の研究内容をわかりやすく解説する．

第12章
人間の生活と最も関わり合いのある
河川中流域の環境特性

　河川は，上流域の山間地を抜けると，扇状地や自然堤防帯がある河川中流域を流下する．第10章で述べた通り，河川に生息・生育する水生生物は，広い水域に取り込まれた太陽光と流下する有機物や無機物を用いた一次生産物を利用しながら二次生産を行う．また，扇状地や自然堤防帯のある河川中流域は，人間活動の盛んな場所である．生物生産は，水質および水産資源として人間の生活に大きな影響を与える．河川中流域における生物生産の研究を進めることは，人間の生活と河川生態系とのより良い関係を構築するうえで重要である．

　しかし，河川生態系の生物生産性に関する多くの既往研究は，河川上流域や小規模な河川を対象としてきた．流域の支流から多くの水が集まり流量が増す河川中流域においては，人間が河川に入って調査・研究を行うことが難しい．この特性が，河川中流域の生物生産性の研究を難しくしていたと考えられる．

　本章では，千曲川を対象に，河川中流域ならびに調査地である常田地区（長野県上田市）と岩野地区（長野県長野市）の環境特性を整理する．

12.1　河川上流域と河川中流域の比較を通した河川中流域の環境特性

　千曲川の水源から長野県境までの**河床勾配**を図12.1に示す．横軸は，長野県境からの距離を示す．河川を管理する際の目印となる距離標は，河口や県境などを起点（0 m地点）として設定されることが多い．河床勾配1/70は，河川水が70 m流れ下ると，標高が1 m下がることを意味する．

　甲武信ヶ岳に流れを発した千曲川は，上流域である川上村から佐久市まで河床勾配1/10〜1/100の急勾配で流下し，佐久市近傍では約1/300の河床勾配で流下する．河川中流域が始まる上田市近傍では，一部区間で河床勾配は約1/200

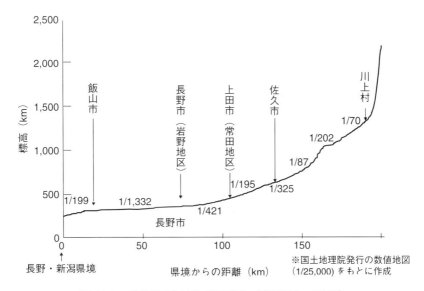

図 12.1 千曲川の河床勾配の変化（赤羽ほか, 2002）

と急勾配となるが，長野市近傍での河床勾配は約 1/500〜約 1/1,000 となり，
飯山市近傍では勾配は約 1/1400 とさらに緩やかになる．千曲川中流域の河床
勾配は上流域と比較して約 10〜100 倍小さくなる．しかしその後，長野県境に
向けて河床勾配は約 1/200 と急勾配となる．

図 12.2 に河川中流域から河川下流域にかけての**川幅・低水路幅**（コラム 2.1）の
変化を示す．千曲川中流域の上流端である上田市近傍においては，川幅は 400 m
程度（川の中心から約 200 m）だが，流下とともに川幅は徐々に広がり，長野
盆地内の下流域では，川幅は 800 m 程度（川の中心から約 400 m）となる．そ
の後の下流域においては，千曲川の河岸と山間部が近い狭窄部を通過する．狭
窄部では広い川幅を形成できず，その分だけ狭く深い水域が形成される．

同じ中流域であっても，河川は，流量，河床勾配，川幅，低水路幅の側面から，
異なる環境特性を形成する．千曲川中流域の生物生産に関する研究では，これ
らの環境特性の変容を考慮して，上田市近傍に常田地区，長野市近傍に岩野地
区の調査地を設定した．次節以降は，常田地区と岩野地区の比較を通して，同
じ河川中流域でも，河床勾配や川幅・低水路幅などの影響によって環境特性が

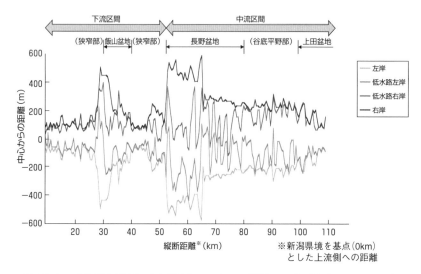

図 12.2 千曲川中流域から下流域にかけての川幅の変化（赤羽ほか, 2002）

異なる点について整理する.

12.2 河川中流域間での環境特性の比較

12.2.1 常田地区と岩野地区における河川景観の違い

図 12.3 に常田地区の空中写真，図 12.4 に岩野地区の空中写真を示す. 常田地区では，白波がたつ瀬・淵構造の発達が航空写真からでも確認できる. 第 15 章における河川内測量はこれらの瀬淵構造を中心に実施され，水生昆虫や魚類などの生物調査は，上田交通別所線の鉄橋上流の瀬・淵構造を中心に行われた. 岩野地区では，低水路幅は広く深くなり，明瞭な瀬淵構造の確認が，航空写真からも現地においても難しくなる. 白波が立つ瀬はなく，周辺の深水域に比較して浅い水域として瀬が認識できる. 常田地区と岩野地区は同程度の区間距離であるが，出現する瀬と淵の数が異なる. これらの瀬や淵で生物調査が行われた.

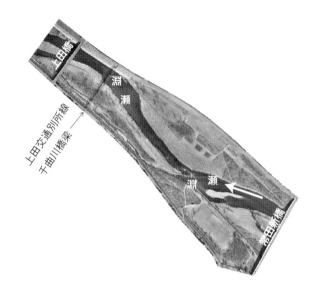

図 12.3　常田地区の概要
土木研究所提供. →口絵 4

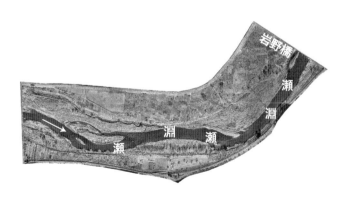

図 12.4　岩野地区の概要
土木研究所提供. →口絵 5

12.2.2　常田地区と岩野地区における河川横断の時系列変化

　河川管理者は全国の河川を管理するため，定期的に**横断測量**を行い，河川形状を計測する．横断測量とは，日本の河川において，定期的に河川を左岸から右岸に向かって横断しながら，河床高（河床（川底）の標高），水位（水面標高），河川幅などを測量することである．

　図 12.5 に常田地区における横断測量結果の経年変化，図 12.6 に岩野地区における横断測量結果の経年変化を示す．

　常田地区では，1967 年の河道は，左岸から 50 m 付近と 300 m 地点付近に流路がある複列河道であり，標高 444 m の河床高であった．しかし，河川改修が進展し，河道は左岸から 150〜250 m 付近に固定され，現在では標高 441 m 付近まで河床が低下している．一方で岩野地区の近年の河道幅は左岸から 200〜400 m の付近の約 200 m である．1967 年は右岸側が主流部であったが，近年は左岸側で主流部が安定している．河床高は，1995 年頃まで標高約 347 m であったが，近年では標高約 345 m と，河床がやや低下している．常田地区と岩野地区の横断図を比較すると，平水時，川の水が流れる流路である低水路の幅は同程度となっている．ただし，常田地区よりも下流の岩野地区は，下流であるため流量が増加するので，それに合わせて岩野地区では，高水敷が両岸に広がり

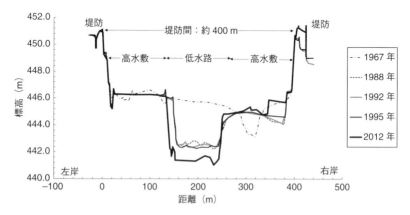

図 12.5　常田地区の横断形状の変化
国土交通省北陸地方整備局千曲川河川事務所観測データより作成．

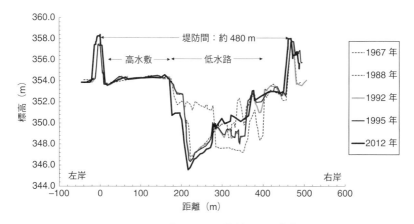

図 12.6　岩野地区の横断形状の変化
国土交通省北陸地方整備局千曲川河川事務所観測データより作成.

堤防間の幅も広くなることがわかる.

12.2.3　常田地区と岩野地区における流量時系列変化の違い

　河川を管理する国土交通省や地方自治体は，河川の水位を観測し，**流量**を推定する流量観測所を全国の河川に設置している．千曲川にも，流量観測所が設置されている．図12.7に常田地区最寄りの生田流量観測所と岩野地区最寄りの杭瀬下流量観測所（千曲市）における2011〜2020年までの流量時系列平均を示す．千曲川においては，1〜2月の冬季の減水期の後，3月頃から雪融け水などで流量が増加し，7月頃の梅雨による出水の後，8月には流量が安定し，その後，秋の台風期に再度の出水が生じる．流量時系列の形状は，流量観測所間でほぼ一致するが，約10km下流側に位置する杭瀬下流量観測所での流量は，生田流量観測所に対して平均約10%大きい．

　図12.8に2020年7月5日から7月9日までの間，4時間ごとの流量変化を示した．調査期間中における最大出水時の常田地区と岩野地区における流量の変化である．上流側の生田流量観測所で観測された出水は，約2時間遅れて杭瀬下流量観測所でも観測された．その際，千曲川が流下する間に多く流域から雨水を集めることで，下流に位置する杭瀬下流量観測所では，生田流量観測所

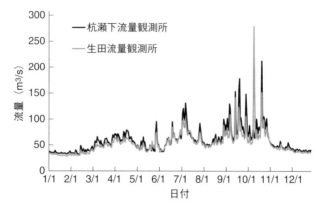

図 12.7 杭瀬下流量観測所と生田流量観測所における流量時系列の比較
国土交通省北陸地方整備局千曲川河川事務所観測データより作成（国土交通省水質水文データ
ベース a，b）．

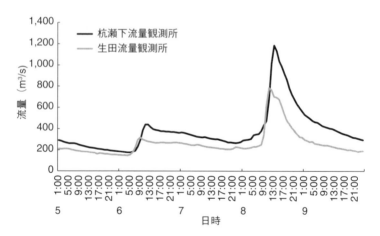

**図 12.8 2020 年 7 月出水時の杭瀬下流量観測所と生田流量観測所における流量時系
列の比較**
国土交通省北陸地方整備局千曲川河川事務所観測データより作成（国土交通省水質水文データ
ベース a，b）．

の約 1.5 倍の流量となった．注目すべき点は，各観測所で出水を記録する時間
にずれがみられるが，流量の時系列の変化を示すグラフの形状は類似している．
つまり，常田地区と岩野地区では，第 2 章で紹介したフローレジームの重要な要
素となる流量変化とパターンが類似しているといえる．一方，河道形状は，先

に述べた通り常田地区においては河床勾配が急峻であるため明瞭な瀬淵構造がみられるのに対し，岩野地区においては，明瞭な瀬淵構造がみられない．このため，この2地区で調査を行うことで，瀬・淵構造の発達の違いが生物生産に与える影響の検討が可能になるのである．

12.3　千曲川における近年の流量時系列変化

　図12.9に常田地区と岩野地区を対象に研究を実施した2015〜2020年の生田流量観測所における流量の時系列変化を示す．2015年9月には約400 m³/sの小規模な洪水が生じた．2016年10月には1,000 m³/sの大規模な洪水，2017年10月，2018年10月には600 m³/sの中規模な洪水が生じた．2019年10月には，台風第19号による記録的な洪水が生じた．2020年には，約400 m³/sの小規模な洪水が生じた．つまり，調査期間中に，調査地では千曲川で観測される小規模，中規模および大規模の出水が生じ，様々な流量の変化による撹乱が河川生態系に与える影響を評価できる適度な段階的な**フローレジーム**が生じたといえる．

　ここまでの千曲川の常田地区，岩野地区を例に河川中流域の特徴を以下にまとめる．山間地から流下した河川は，開放的な扇状地や平野部を流下する．ま

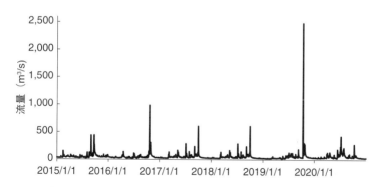

図 12.9　生田流量観測所におけるプロジェクト期間（2015〜2020 年）の流量時系列変化
国土交通省北陸地方整備局千曲川河川事務所観測データより作成（国土交通省水質水文データベース a，b）．

た，河川中流域の集水域は下流部に比べて小さく，流量も小さい．そのため，発達した河床波の上を小さな流量の水が流れ水深が浅く，瀬・淵構造が発達する．そのため，生物生産が活発に行われる．

コラム 12.1

水害タイムライン

　自然災害は突然やってくるものであり，地震の予測は現在もまだまだ難しいといわれている．一方で，水害に関しては，気象観測・予測技術の進展に伴って，事前にある程度予測ができるようになってきた．もし予測が可能であれば，どのタイミングで誰がどのような行動を取ればよいかを時系列的にあらかじめ準備し，水害による被害を小さくすることができる．そのような防災行動計画のことを「タイムライン」と呼び，わが国では，2005 年・2012 年のアメリカの高潮被害軽減事例を参考に，策定・活用が進められてきている（国土交通省ホームページ a, b）．河川においても，そのような動きが進んでおり，河川流域全体で作成する「流域タイムライン」（図），市区町村で作成する「市区町村タイムライン」，自治会や自主防災組織などで作成する「コミュニティタイムライン」，ひとりひとりで作成する「マイタイムライン」という具合に，実施主体の異なる様々なタイムライン策定が推奨されている．

　タイムラインでは，災害発生前だけではなく，災害発生後の行動についても想定するのが一般的であり，タイムラインの策定は，災害発生後の早期救助や復旧・復興にも役立てられる．住民自らが身を守るために，身の回りで起こりそうな災害を想定し，「マイタイムライン」を策定することが勧められている．

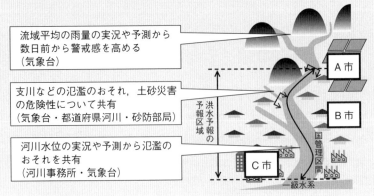

図　流域タイムラインのイメージ（国土交通省ホームページ c）

第13章
河川中流域における河川単位の物質循環とエネルギー流, 生物生産

本章では, 第2部のこれまでの章の内容を踏まえて, 河川中流域における物質循環, エネルギー流, 生物生産 (細菌・付着藻類・水生昆虫類・魚類・鳥類) について千曲川中流域をフィールドとした研究をもとに解説する. 日本においては, 1つの河川の一定地域において, 多くの研究者がほぼ同時期に「生物生産」をキーワードとして調査・研究を行った事例は近年数少なく, 重要な知見である. なお, 千曲川中流域の生態系における本章の個々の事例をもとにした生物生産の取りまとめについては13.8節で述べる.

13.1 地形と水および流下物質の動きの特徴

本節では, まず, 千曲川中流域 (常田地区, 岩野地区) における ADCP (3.1.2項を参照) を用いた**流況観測**結果を示し, それぞれの調査地区の地形および流況特性を説明する. 次に, それぞれの地区において, 物質が堆積するとされている「淵」 (図2.3を参照) に着目し, 微細粒子の流下シミュレーションを行い, それぞれの淵に堆積する物質量を比較することにより, 両地区の物質堆積特性の類似点や相違点を検討する.

図13.1に現地観測を行った範囲 (写真中の太枠) を示した. また, 現地観測を行った河道の形状は, 常田地区は直線部, 岩野地区は観測範囲の上流部と下流部で直線部, 中流部で蛇行部となっている.

これらをふまえて, 平水時に図13.2に示す横断面内において, ADCPを用いて常田地区と岩野地区の平均水深および平均主流速 (流下方向の流速) を計測した (宮本ほか, 2015). しかし, 常田地区 (下流) においては, 流れが激しく, 計測できなかった場所が存在したため, ここでの考察からは除外する.

図13.3に平均水深 (各断面の水深を平均したもの) および平均主流速 (各断

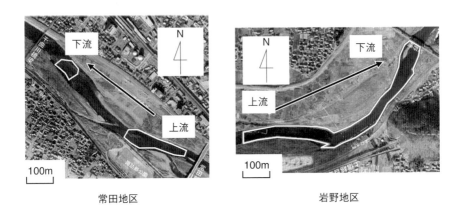

図 13.1 常田地区と岩野地区の現地観測範囲
図中の矢印は流れの方向を意味する．国土交通省北陸地方整備局提供の写真に加筆． →口絵 6

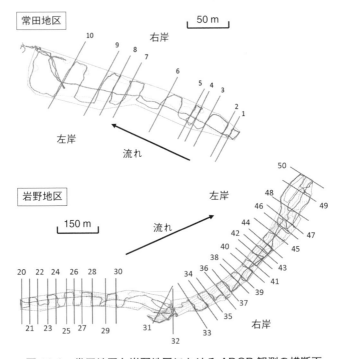

図 13.2 常田地区と岩野地区における ADCP 観測の横断面
図中の外枠線は水域，水域内の曲線は ADCP を取り付けたボートの軌跡，番号のついた直線
は水深および流速の計算断面を示す．

面の流速の流下方向成分を平均したもの）を地区ごとに分類したものを示す．ここで，常田（断面 1〜10，直線部），岩野上流（断面 20〜30，直線部），岩野中流（断面 32〜44，蛇行部），岩野下流（断面 45〜50，直線部）である．この図から，岩野中流の蛇行部では，直線部と比べて，水深が大きく，流速が小さくなっていることがわかる．

第 3 章で述べた物質堆積機構を考えると，図 13.3 に示したように岩野地区の方が流速の小さい部分（岩野中流）があるため，常田地区よりも物質がたまりやすいことが予想される．そこで，平水時における常田地区（上述の常田下流右岸沿いの淵を対象）と岩野地区（上述の岩野中流を対象）における，微細粒子堆積の様子を把握するために，数値シミュレーションを行った（山本ほか，2017，2018）．図 13.4 にそれぞれの淵の水深を示した．数値モデルは，北澤（2014）の

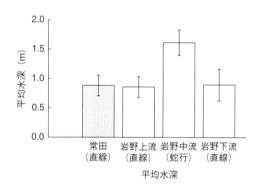

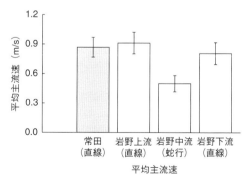

図 13.3　ADCP による常田地区・岩野地区の平均水深および平均主流速
図中のエラーバーは，標準偏差を表す．

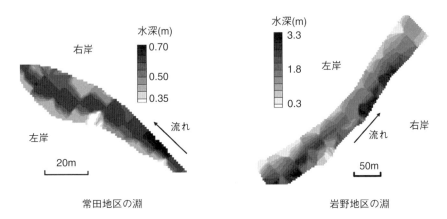

右岸

水深(m)
0.70
0.50
0.35

流れ

左岸

20m

常田地区の淵

水深(m)
3.3
1.8
0.3

左岸

流れ

右岸

50m

岩野地区の淵

図 13.4　常田地区と岩野地区で調査対象とした淵の水深分布

準三次元流れ場モデル（静水圧を仮定し，質量保存則と運動方程式を連立させることにより，水の 3 次元的な流動を時々刻々計算するモデル）に，豊田（2007）の方法で浮遊土砂の堆積効果のみを加えたものを用いた．この数値シミュレーションにおいては，解析領域の上流端から現地観測時の一定流量（常田地区：$1.5\,\mathrm{m^3/s}$，岩野地区：$60\,\mathrm{m^3/s}$）を流し続けて，定常的な（3.2 節を参照）流れ場を作った．その流れ場の中に，微細粒子（粒径は，FPOM（微細有機物質）の範囲内）を SS（suspended solid：懸濁物質もしくは浮遊物質）とみなして，解析領域の上流端から図 13.5 のようにパルス状（0〜720 秒：SS 濃度 0→10 mg/L で直線的に増加，720〜1,440 秒：SS 濃度 10 mg/L で一定，1,440〜2,160 秒：

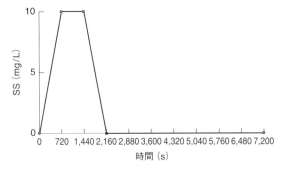

図 13.5　微細粒子堆積シミュレーションにおける上流端からの SS 濃度時系列

SS 濃度 10→0 mg/L で直線的に減少，2,160 秒以降：SS 濃度 0 mg/L）に与え，時間経過とともに解析領域内の SS 濃度がほぼ 0 となるまで計算を続けた．そして，最終的に解析領域内に堆積した微細粒子量を比較した．

図 13.6 にそれぞれの淵における微細粒子堆積シミュレーション結果（計算終了時の堆積厚）を示した．常田地区の淵では，左岸近くの主流部（図 13.4 の深い部分）から少し外れた箇所（図中の太い矢印）に流下物質が堆積しやすい傾向にある．これは主流部が左岸側に曲がっており，その背後域（平面流速の空間的な変動が大きい領域）に物質が堆積しやすくなったためと考えられる．一方，岩野地区の淵では，左岸側と淵中流部の右岸側（図中の太い矢印）に堆積しやすい傾向にある．この範囲は蛇行部にあたるため，二次流（図 3.7 を参照）による内岸側への物質輸送により，左岸側に多く堆積していると思われる．また，淵中流部の右岸側については，その少し上流にある浅場で大きくなった流速が，流下に伴い小さくなることが原因と考えられる（図 3.8 を参照）．

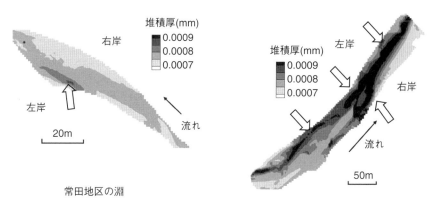

常田地区の淵

図 13.6　常田地区と岩野地区で調査対象とした淵における微細粒子堆積シミュレーション結果の比較

各地区の淵における物質堆積傾向を定量的に評価するために，計算領域全体における単位面積当たりの堆積量を求めた．さらに，過去の流量観測データに基づき，それぞれの淵での平水時の流量を算定し，その範囲（常田地区：1.5，3.0，6.0 m^3/s，岩野地区：30，60，120 m^3/s）で変化させて得られた結果を図 13.7 に示した．この結果から，平水時における流下物質の堆積量は，岩野地区

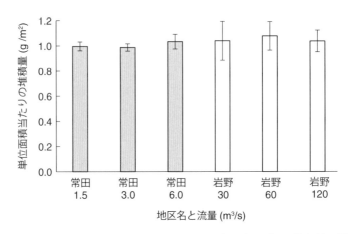

図 13.7 常田地区と岩野地区の淵における平水時の流量ごとの微細粒子堆積量
図中のエラーバーは標準偏差を表す．

の淵の方が常田地区の淵よりも 5％程度大きいことがわかった．

　以上の結果から，常田地区と岩野地区のリーチスケール（2.1.3 項を参照）で
みた平水時における物質堆積効果の大小を考察してみよう．まず，現地観測結
果（図 13.3）から，岩野地区では蛇行部で流速が小さくなっているため，常田
地区よりも物質堆積量が大きいことが予想される（図 3.8 を参照）．次に，一般
的に物質堆積機能をもつといわれている「淵」に着目した微細粒子堆積シミュ
レーション結果（図 13.6，図 13.7）をもとに，物質輸送の観点から両地区の淵を
みた結果，岩野地区の淵の方が常田地区の淵に比べて物質堆積量は大きかった．

　これらの 2 つの結果をまとめて考えると，岩野地区の方が常田地区よりも物
質堆積量が大きくなると予想され，岩野地区の方が常田地区よりも，物質（微
細粒子）を堆積しやすい区間である可能性が高いといえる．すなわち，物質循
環の観点からは，相対的にみて，常田地区が物質を「通過させる」地区である
のに対し，岩野地区が物質を「貯める」地区であると言い換えられる．

13.2　水中での物質の流れ

　第 5 章でも述べた通り，流下有機懸濁物質は河川水中でのろ過食者の主要な

餌資源である. 千曲川中流域では, ろ過食者であるヒゲナガカワトビケラ幼虫が水生昆虫のなかで大きな現存量を占めている (13.5 節を参照). この現存量を支える有機懸濁物質の量や質, その起源を知ることは, 千曲川中流域の生態系を理解することにつながる. ここでは, 2016〜2019 年に千曲川中流域の常田地区と岩野地区において行われた流下懸濁物質の調査から得られた成果について解説する.

13.2.1 有機懸濁物質濃度の変動

千曲川中流域の常田地区における河川水中の有機懸濁物質量の指標となる**クロロフィル** *a* (Chl. *a*: chlorophyll *a*) と **VSS** (volatile suspended solids：懸濁物質を強熱したときに揮発する物質量, 第 5 章も参照) の 2016〜2019 年にかけての変動を図 13.8 に示した. 河川水中のクロロフィル *a* は河床の付着藻類が主な起源と考えられ, 平水時であっても変動が見られた. 一方, VSS は出水時を除き, ほぼ 2 mg/L 前後で推移しており, 千曲川中流域で有機物が年間を通じて安定供給されていることが示唆された.

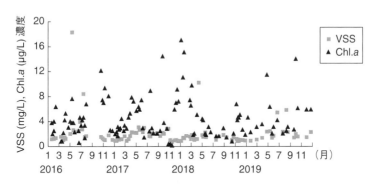

図 13.8　河川水中の VSS とクロロフィル *a* 濃度の変動
VSS：懸濁物質を強熱したときに揮発する物質量, Chl. *a*：クロロフィル *a*

また, 常田地区と岩野地区において河川水を採取し, メッシュサイズ 100 μm のふるいを用いて懸濁物質 (SS) を 100 μm 以上と 100 μm 未満に分画し, その比率を検討した. 常田地区・岩野地区ともに FPOM (細粒上有機物：1 mm 以

下の有機懸濁物質）のうち，100 μm 未満のより細かい懸濁物質が 9 割以上を占めていた．両地区に共通して，この比率は出水時を含め調査期間（2016 年）を通じてほぼ一定であった．さらに，平水時に常田地区と岩野地区で採取された懸濁粒子の粒度分布を調べたところ，最頻径は，29〜32 μm（常田地区）と 42〜55 μm（岩野地区）と，いずれも 100 μm 未満の細かな粒子が主体であった．

これら，2016 年に常田地区と岩野地区で採取された 100 μm 以上と 100 μm 未満の懸濁物質について，それぞれの炭素含有量を計測し，水中の懸濁物質濃度を乗じることで，水中での粒径別の有機懸濁物質濃度を推計した．その結果を図 13.9 に示す．2016 年 8 月下旬の台風による洪水時には懸濁物質が増大したため有機懸濁物質濃度も増大したが，平水時の有機懸濁物質濃度は約 300〜600 μg-C/L と両地区とも大きな変動が認められなかった．このことからも，千

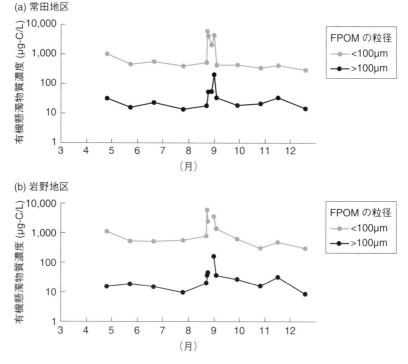

図 13.9 FPOM （細粒状有機物）の粒径別有機懸濁物質濃度の変動 （2016 年）

曲川中流域で有機物が年間を通じ安定供給されていることが示唆された.

13.2.2　有機物の起源解析

　千曲川中流域の河川水中ではクロロフィル a が大きく増減しているにもかかわらず，水中の有機懸濁物質濃度は年間を通してそれほど大きく変化しないことが示された．第5章でも解説した通り，水中の有機懸濁物質は陸上植物と付着藻類由来の有機物の混合物である．陸上植物と付着藻類では**炭素安定同位体比**が異なることが知られているので，それらの炭素安定同位体比と流下懸濁物質の炭素安定同位体比を比較すれば，流下懸濁物質を構成する陸上植物および付着藻類由来の有機物の割合を知ることができる．そこで，懸濁物質，陸上植物，付着藻類を採取し，それらの炭素安定同位体比を計測した（図13.10）．千曲川河畔

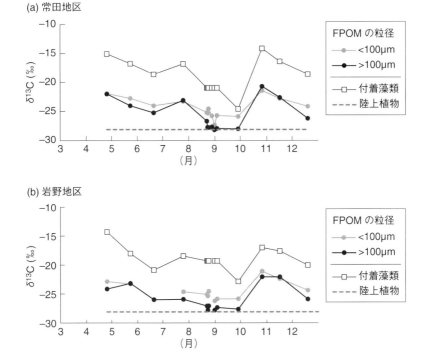

図 13.10　FPOM（細粒状有機物）と付着藻類の炭素安定同位体比の変動（2016 年）

で採取された陸上植物の炭素安定同位体比は -28.1 ± 1.3‰（n $= 16$）であり，
試料間の差も小さかった．一方，付着藻類の炭素安定同位体比（carbon stable
isotope ratio）は，常田地区では $-24.5 \sim -14.1$‰，岩野地区では $-22.9 \sim -14.3$
‰と変動がみられた．付着藻類の現存量が多いときに炭素安定同位体比が高く
なる傾向が認められたことから，付着藻のマット厚が増大すると相対的に炭酸
塩が不足し，炭酸塩の取り込みの際に同位体分別が生じにくくなったものと考
えられる．また，有機懸濁物質の炭素安定同位体比が，陸上植物と付着藻類の
炭素安定同位体比の間に位置していたため，有機懸濁物質を両者の混合物と考
えることができる．これらの有機懸濁物質について，付着藻類の寄与率を算出
すると，図 13.11 に示すような結果となった．常田地区，岩野地区ともに，粒
径 100 µm 未満の懸濁物質の方が 100 µm 以上の粒子に比べ付着藻類の寄与率

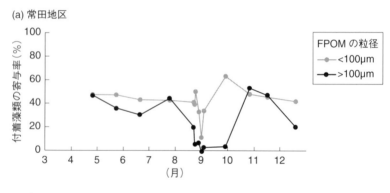

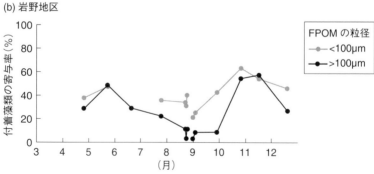

図 13.11　炭素安定同位体比から算出した FPOM への付着藻類の寄与率（2016 年）

が高く，その平均値は，42%（常田地区），40%（岩野地区）であった．それでも FPOM の付着藻類の寄与率は 50%未満であることから，ヒゲナガカワトビケラなどのろ過食者は剥離して流下する付着藻類だけでなく，陸上植物由来の有機物によっても養われていることを意味している．千曲川中流域の常田地区と岩野地区ではいずれも陸上植物の方が付着藻類よりも寄与率が高く，先に示した河川水中への有機懸濁物の安定供給を裏付ける結果となった．

13.3　細菌生産速度の季節・空間変動と制限要因

　水圏における細菌（バクテリア）は，通常他の生物が利用できない**溶存態有機炭素**（dissolved organic carbon: DOC：孔径 0.1～1 μm のろ紙を通過する有機物，コラム 5.1 を参照）の主要な消費者である．細菌は DOC を利用して自身の生物体を作ること（＝ **細菌生産**：bacterial production：BP）で，DOC を大きな有機物の粒子に変化させ他の生物に食べられることにより，細菌が出発点となる**微生物食物網**（microbial food web）を駆動させる重要な生物である（Azam, 1998）．河川中流域において細菌は，水中の浮遊者（**プランクトン**：plankton，以降プランクトン細菌と呼ぶ）として，または河床の礫などの表面に付着し形成される**付着生物膜**（**バイオフィルム**：biofilm，以降バイオフィルム細菌と呼ぶ）の構成員として存在している．プランクトン細菌はろ過食者に，バイオフィルム細菌は堆積物収集食者に捕食されるなど，食物網における役割は両者で異なる（Edwards et al., 1990; Hall, 1995）．そのため，水中とバイオフィルムの 2 つの生息域における細菌生産の季節的・空間的変動を把握し，変動の制限要因を明らかにすることは，河川生態系における物質循環を理解するうえで重要である．ここでは千曲川中流域を例に，プランクトン細菌生産とバイオフィルム細菌生産の制限要因について概説する．

13.3.1　河川での調査・解析法

　2019～2020 年に，上田盆地北部に位置する常田地区の瀬・淵の 2 地点と，長野盆地南部の犀川合流点上流に位置する岩野地区の瀬の合計 3 地点で調査を実施した．各観測地点でのサンプリング深度は常田地区の瀬が最も浅く，瀬の流

速は淵と比較して速かった（表 13.1）．各地点で河川水と河床の石を採取して
実験室に持ち帰り，河川水からは DOC，窒素やリンなどの栄養塩，プランクト
ンの細菌生産，細菌現存量，藻類量の指標となるクロロフィル a（Chl. a）量，
河床の石からはバイオフィルムの細菌生産，細菌現存量，クロロフィル量の計
測用試料を作成し，分析を行った（各項目の計測法の詳細は Tsuchiya et al.，
2021 を参照）．

表 13.1　各観測地点における河床勾配，サンプリング深度，流速

観測地点	河床勾配	サンプリング深度 (cm)	流速 (cm/s)
常田地区の瀬	1/180	13 ± 6[a]	58 ± 4[A]
常田地区の淵	1/180	41 ± 10[b]	16 ± 9[B]
岩野地区の瀬	1/1,000	24 ± 9[c]	54 ± 5[A]

地点間で統計的に違いが認められたサンプリング深度と流速の右肩には，
異なるアルファベットを記した．

　プランクトン細菌生産とバイオフィルム細菌生産への環境要因の影響を調べ
るため，**一般化線形モデル**（generalized linear model）で解析を行った．一般
化線形モデルとは，線形回帰分析（一般線形モデル）の拡張版である．従来の一
般線形モデルと異なり目的変数が正規分布に従わなくても適用できるため，目
的変数と説明変数との関係式は単純な線形式にとどまらず，両者の関係をモデ
リングするうえでの自由度が増している．加えて量的データに加え質的データ
も扱うことができる（粕谷，2012）．説明変数の組み合わせの数だけモデルが求
められるが，目的変数に対して当てはまりの良い上位のモデルを平均化して各
変数の**相対的重要性**（relative variable importance：RVI）を算出し，制限要
因を解析した．

13.3.2　細菌生産の季節・空間変動

　プランクトンおよびバイオフィルムの細菌生産は調査期間を通して，それぞ
れ 5.5〜466 mgC/m^3·day，2.9〜132 mgC/m^2·day の範囲で変動し，冬季に低
く，春季から夏季に高いという明瞭な季節変動を示した（図 13.12）．空間変動
として，バイオフィルム細菌生産は常田地区の瀬において最も高い値を示した

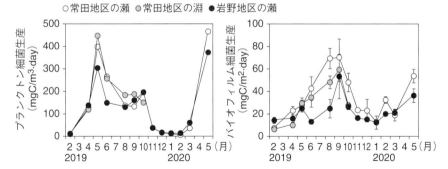

図 13.12 千曲川中流域におけるプランクトン細菌生産（左）とバイオフィルム細菌
生産（右）の季節変動
Tsuchiya et al.（2021）より改変.

が，プランクトン細菌生産は地点間での違いは認められなかった.

13.3.3 細菌生産の制限要因

一般化線形モデル解析の結果，水温が両細菌生産を制限する最も重要な要因
であった（表 13.2，図 13.12）．プランクトン細菌生産は DOC やリン酸態リン
（PO_4-P）と正の関係を示し，細菌の増殖は主に炭素やリンによってその速度が
規定されることが示唆された．多くの河川で炭素やリンが制限要因であること
が報告されているが，アマゾン流域のネグロ川やアウタナ川では炭素やリンに
加えて，窒素も制限要因となることが報告されており，制限要因は河川ごとの
流域環境などを反映して変化すると考えられる（Westhorpe et al., 2010）.

バイオフィルム細菌生産に対しては，水温に加えて，流速，地点，バイオフィ
ルム細菌現存量が重要な制御要因であることが示唆された（表 13.2，図 13.13）.
速い流れはバイオフィルム表面と水流の間の境界層を薄くし，河川水からバイオ
フィルム微生物への基質供給速度を増加させることが知られているが（Battin
et al., 2003），千曲川では河川水中の DOC や栄養塩とバイオフィルム細菌生
産に正の関係は認められなかった．カナダやドイツの河川で行われた研究でも
同様に，正の関係を示さなかったことが報告されている（Carr et al., 2005;
Kamjunke et al., 2015）．バイオフィルムの中では細菌や藻類は栄養塩と有機
物の複雑なやり取りを通じて共生しており，バイオフィルム中の細菌は，河川

表 13.2　プランクトン細菌生産（上）およびバイオフィルム細菌生産（下）に対する
環境要因の影響の一般化線形モデルのモデル平均結果（推定値）

プランクトン細菌生産

説明要因	係数	誤差	RVI
水温	0.152	0.022	1.00
リン酸態リン	13.8	7.3	0.71
溶存態無機窒素	−0.646	0.457	0.29
溶存態有機炭素	0.827	0.321	1.00
プランクトン Chl. *a*	0.0552	0.0318	0.46
切片	1.07	0.65	

バイオフィルム細菌生産

説明要因	係数	誤差	RVI
地点：常田地区の淵	−0.377	0.146	0.45
地点：岩野地区の瀬	−0.448	0.121	0.45
流速	0.0073	0.0034	0.37
水温	0.0658	0.0140	1.00
溶存態無機窒素	−0.703	0.205	0.55
溶存態有機炭素	−0.320	0.154	0.27
バイオフィルム細菌現存量	−0.0332	0.0113	1.00
切片	3.24	0.47	

RVI は変数の相対的重要性を示し，1 に近いほど重要度が高いことを示す．
Tsuchiya et al.（2021）より改変．

　水中の有機炭素が枯渇している場合には，細菌や藻類が生産しバイオフィルム
を形成する粘性物質（多糖類）や，それらに吸着した有機物を炭素源として利用
するなど，バイオフィルム中や河川水中の有機物を柔軟に利用する（Freeman
and Lock, 1995）．そのため，多くの河川で水質とバイオフィルム細菌生産の
間に明確な関係が認められなかったと考えられる．

　次にバイオフィルム細菌生産が細菌現存量と負の関係を示したことについて
考察する（表 13.2）．バイオフィルム中の現存量とバイオフィルム自体の厚み
は正の関係を示すため（Kamjunke et al., 2012），細菌現存量と負の関係を示
したことはバイオフィルムの厚みが薄いほど細菌生産が高くなることを示唆す
る．常田地区の瀬では他の地点と比較して，流速が速く，サンプリング深度が
浅いため（表 13.1），流速に比例し，水深に反比例する式で表される**底面せん断
応力**（流れに沿って川底に対して平行に働く力）が最も高かったと考えられる

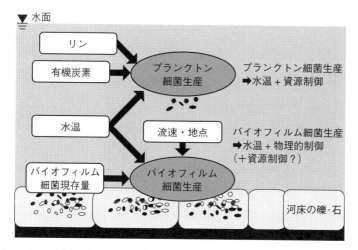

図 13.13　千曲川中流域におけるプランクトン細菌生産とバイオフィルム細菌生産の制御要因の模式図
　　四角は主要な細菌生産制御要因を示し，矢印は影響を与える細菌生産を示している．

(Harrison and Keller, 2007)．底面せん断応力はバイオフィルムの剥離に関係するため，底面せん断応力が高い場所では微生物はバイオフィルムから頻繁に剥離し，バイオフィルムの正味の現存量（バイオマス）蓄積量や厚みを減少させる（Lau and Liu, 1993）．バイオフィルムの形成はまず細菌によるマット形成から始まり，一定量の細菌マットが形成された後に藻類などが増殖し始めることから，バイオフィルム形成の初期段階にバイオフィルム細菌生産は高い値を示すと考えられる．以上のことから，強いせん断応力によってバイオフィルムが薄くなり，速い流速によって基質供給速度が増加することで，バイオフィルム細菌生産は常田の瀬で最も高い値を示したと考えられる．千曲川の瀬・淵に着目した観測により，河床のバイオフィルム細菌生産は物理環境を規定する河川構造と関連した空間変動を示すことを明らかにした（図 13.13）．

13.4　付着藻類による一次生産力

　河床に生息する**付着藻類**（periphyton）は，剥取食者（第 7 章を参照）の餌となるだけではなく，剥離・流下するなかでろ過食者の餌にもなり，食物網を

通じて河川生態系を支えている．この付着藻類による一次生産は，その観測が
煩雑なため，千曲川では年間を通した観測は実施されていなかった．また，河
川生態系の構造を理解するためには，付着藻類によって生産された有機物がど
の程度消費者に使われているのか見積もる必要がある．

　そこで，河川水中の一次生産の実態を，以下3種の方法により推定すること
とした．その方法とは，(1) 表面を磨いた石を河床に戻し，それらを定期的に
回収することで，付着藻類の増加を観察する**現存量法**，(2) 現場から付着物を
持ち帰り，河川水に懸濁させ，光量を変えながら培養し，酸素濃度の変化から，
付着藻類の光合成速度と呼吸速度を求める**培養法**，(3) 現場で水中溶存酸素濃
度を計測し，その変動を再曝気（水中と大気との間での酸素の出入り）と生物
活動に伴う総生産，呼吸の3因子に分ける**マスバランス法**である（図 13.14）.
このうち，現存量法と培養法の差分から，付着藻類によって生産された有機物
の剥離および被食量の割合を推定した．また，マスバランス法によって通年の
千曲川生態系の総生産力と呼吸力の推定を試みた．

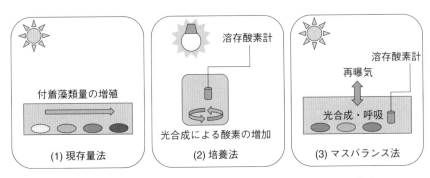

図 13.14　河川生態系における一次生産の推定方法（イメージ図）

13.4.1　生産量と生産力

　調査結果の解説の前に，本章に出てくる用語を説明する．まず，**一次生産**（primary production）とは，無機物質から有機物質を合成することをいい，ここで
は水中の付着藻類が光合成により有機物を合成することを意味し，基礎生産と
も呼ばれる．一次生産には，**総一次生産**（gross primary production）と**純一**

次生産（net primary production）があり，前者は光合成により合成された有機物の総量を，後者は前者から**呼吸**（respiration）によって消費された量を差し引いた量となる．また，成長量は，純生産量から，枯死脱落した量や被食量を差し引いたものである．また，単位時間当たりの生産を**生産量**（production）といい，単位時間・単位面積当たりの生産を**生産力**（productivity）と呼ぶ（第11章を参照）．

13.4.2　現存量法

　千曲川（常田地区・瀬頭）の河床に，磨いたこぶし大（長径10 cm以上）の石礫を敷き詰め，定期的に回収し，その付着物のクロロフィル *a* 量を定量した．調査期間中の単位面積当たりのクロロフィル *a* の最大増加量を，その期間の純生産力と定義した．この調査は，2015年11月～2018年2月まで，計14回行った．得られた純生産力は，同時に計測された付着物の有機炭素含有量から，単位面積当たりの炭素の変化量として表した（炭素：クロロフィル *a* = 40.5 : 1）．この現場法で求められた千曲川中流域における純生産力を図13.15に示した．ただし，現存量法は，現場で付着藻類の増殖速度を観察したものであり，ここで示された生産力は，付着藻類の剥離（脱落）や水生昆虫による被食の影響を含んだものである．したがって，第11章で概説された定義からすると成長力と呼んだ方がよい．2016年，2017年ともに，夏季の成長力はその他の季節に比

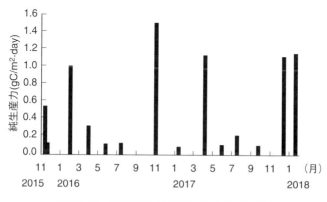

図13.15　現存量法による千曲川の純生産力

べ低かった．これは夏季に付着藻類の至適水温を超える水温となり生産力が低下しただけではなく，河川流量の増大による付着藻の剥離や水生昆虫からの被食といった影響を強く受けていた可能性がある．

13.4.3　培養法

　千曲川（常田地区）で採取した付着物の懸濁液を培養器内で光量を変えて培養し，溶存酸素濃度の変化から純生産量と呼吸量を求めた．ステンレスメッシュ片（30 mm × 120 mm）2 枚が入った容量 700 mL のガラス瓶に，付着物懸濁液を入れ，スターラーで撹拌しながら培養した．この際，付着物の懸濁液はメッシュサイズ 250 μm のステンレスふるいを通し，付着物に含まれる水生昆虫類を取り除いた．撹拌後，懸濁物はステンレスメッシュに付着し，付着した状態での培養となった．試料採取時の水温のもと，光量子密度を 0〜210 μmol/m²·s の間（5 段階）で変化させて培養し，光量と溶存酸素濃度の変化との関係を求めた．得られた溶存酸素濃度の変化は，藻類量（瓶内のクロロフィル a 濃度）で除し，藻類量当たりの呼吸および純生産速度を得た．培養法で得られた藻類量当たりの呼吸速度は水温上昇とともに増大し，8 月に最大値を示した．一方，純生産速度は冬季に低く，5 月から 10 月まで，ほぼ一定値であった．得られた純生産速度に現場の付着藻類量を乗じ，さらに日照時間を乗じ，単位面積当たりの付着藻による一日の純生産力を推定した．ここでは，一日のうち河床に十分な日射が届く時間は 10 時間とし，さらに純生産速度には培養実験で得られた最大光合成速度を用いた．なお，現場の水深は 1 m 未満であり，晴天時には最大光合成速度が得られた光量以上の光が河床に届くと推定され，本研究で定めた条件から推定した純生産力は妥当なものであると思われた．得られた純生産力は，同時に計測された付着物の有機炭素含有量を用い，単位面積当たりの炭素の変化量とした（炭素：クロロフィル a = 40.5 : 1）．このようにして得られた純生産力を図 13.16 に示した．2016 年 11 月に高い値となったが，この時期は付着藻類の現存量が多かったためである．

　この培養法では，大型の水生昆虫類を培養前に除去していることから，「現存量法」とは異なり純生産量に及ぼす水生昆虫類による被食影響は低く抑えられている．さらに，容器内で培養しているため剥離による減少も生じない．した

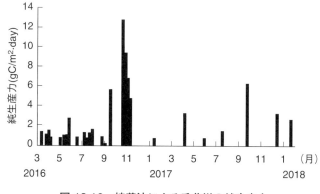

図 13.16　培養法による千曲川の純生産力

がって，培養法と上述の現存量法の純生産力の差分は，付着藻の剥離と被食の合計量とみなせる．培養法と現存量法の純生産力の差分は，培養法の純生産力の81%を占め，その割合に大きな季節変化は見られなかった．このことから，付着藻類によって生産された有機物の多くが被食や剥離を介し，河川水中の消費者に供給されていることが示唆された．

13.4.4　マスバランス法

マスバランス法（mass balance method）は，溶存酸素濃度の変化を光合成・呼吸・**再曝気**（reaeration）に分離して総生産力や呼吸力を算出する方法であり，他の2つの方法のように付着物を直接利用しないため河川内に入る必要がないため事故の危険度が低いが，溶存酸素濃度の連続観察を必要とする．そこで，千曲川（常田地区・淵頭）の岸に溶存酸素の自動記録計（Onset 社の U26-001）を設置し，10分間隔で溶存酸素濃度を連続観測した．得られたデータはマスバランス法（溶存酸素濃度の変化を光合成・呼吸・再曝気に分離する方法）により解析し，日ごとの総生産力と呼吸力を求めた．その概略を以下に示す．まず，同時に観測された水温から飽和溶存酸素濃度を推定し，観測値と飽和酸素濃度の差分を算出した．そのうち日没前後の酸素濃度の変化から，再曝気を推定した．次に，再曝気を取り除いた夜間の溶存酸素濃度の変化から，水温と呼吸量の関係を求めた．それらに基づき，一日の溶存酸素濃度の変化を総生産力と呼

吸力に分けた.この際,対象となる現場の水深は,近傍の生田観測所(上田市)の水深を基準に推定した.また,ここでも総生産力や呼吸力は,酸素量を炭素量に変換(重量比,変換効率 0.85)し,単位面積当たりの炭素の変化量とした.詳細は,岩田(2012)や後藤ほか(2019)の成書を参考にされたい.

2018～2019 年の各月 10 日間について,総生産力と呼吸力の推定を行い,各期間の平均値を求めた(図 13.17).この間,現場の水温は 4～24 ℃であった.また,期間内の調査地点の水位変動について,最大と最小水位の差は約 1 m であった.総生産力と呼吸力ともに冬季と夏季に低いことが示された.これは,冬季と夏季は付着藻類にとって至適水温ではないこと,さらに夏季には出水が多く付着藻の現存量が抑制されていると考えられた.

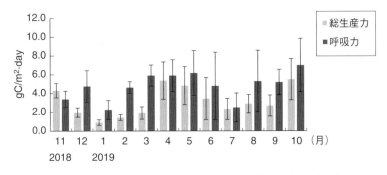

図 13.17 マスバランス法による千曲川の総生産力と呼吸力

千曲川では,マスバランス法を用いることで,通年の異なる季節の呼吸力と総生産力を見積もることができ,呼吸力と総生産力の年平均値(それぞれ 4.77 gC/m²·day, 3.03 gC/m²·day)を得ることができた.本研究での夏季の総生産力は,沖野ほか(2006)が夏季に千曲川中流域で観測を行った値(総生産力:3.25 から 4.15 gC/m²·day)とほぼ同程度であった.このことから,千曲川では夏季の総生産力は過去から大きく変化していないと考えられた.

13.4.5 マスバランス法からみえてきた千曲川の生物生産

最後に,常田地区における有機物の年間の物質収支を推定した(図 13.18).上述のマスバランス法から,総生産力は 1,107 gC/m²·year,河川生態系の群

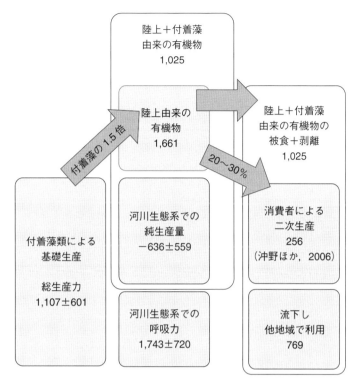

図 13.18 千曲川における物質収支（単位は gC/m²·year）
矢印内の数値は推定に用いた数値.

集呼吸力は 1,743 gC/m²·year と推定された．ここで推定された総生産力と群集呼吸力の差分である群集純生産力は負の値（−636 gC/m²·year）となり，水生昆虫などの二次生産は陸上由来の有機物がないと成り立たない．この陸上由来の有機物であるが，13.3 節に示された結果から，流下懸濁物質の有機物の約4割が付着藻由来，残り約6割が陸上植物由来と推定できることから，総生産力の1.5倍の有機物（1,661 gC/m²·year）が陸上から供給されていると考えた．ただし，水中の溶存有機物については，その起源に関する情報を得ていないため，今回の推定では，陸上由来の有機物量を過大もしくは過少評価している可能性がある．また，陸上由来といっても，河川の上流からなのか，河畔からなのかといったことまでは明らかではない．常田地区とその約2km下流の古舟

橋で水中の懸濁物質濃度や DOC 濃度に差がみられない（宮原，未発表）ことから，今後，有機物の収支と合わせ，水中の有機懸濁物質濃度が保たれるしくみを解明する必要がある．

　本研究のマスバランス法から推算された総生産力と呼吸力のうち総生産力は，沖野ほか（2006）が推算したものとほぼ同程度であったが，呼吸力（年間 1,743 gC/m^2·year）は，沖野が推算した呼吸力（年間 272 gC/m^2·year）よりも約一桁大きかった．これは，沖野は河床の石礫を箱に入れて培養した実験から呼吸力を求めており，河床の石礫の間隙に生息する細菌類の呼吸を評価できていないためと考えた．

　また，純生産力のうち 81% が被食されるか剥離していると推定され，藻類の多くが二次生産に回っていると考えられた．しかし，有機物の収支で河川生態系の純生産力は負の値となったため，その量を算出することはできなかった．仮に，藻類による総生産と陸上植物による有機物供給量の合計から河川生態系での呼吸量を差し引いたものが二次生産に回っているとすると，その量は付着藻類と陸上植物合わせて 1,025 gC/m^2·year と推定された．一方，沖野（2002）では，千曲川では純生産の 20〜30%（25%）が二次生産で消費されると推定しており，これを本研究に当てはめると，上記のみかけの純生産力 1,025 gC/m^2·year の 25%，つまり 256 gC/m^2·year が被食量と推定される．一方，残りの 769 gC/m^2·year は，流下し他地域で利用されていると推定された．なお，ここでは細菌類による生産や呼吸については考慮していないが，それらについては 13.3 節を参照されたい．

13.5　水生昆虫類による生物生産力

　河川生態系の中で，二次生産力を担う生物群集の 1 つとして，水生昆虫類は重要な役割を果たしている．JIBP でも，吉野川，遊楽部川で詳細な現地調査が行われた．本節では，これまで報告の少ない大河川の 1 つである千曲川中流域における水生昆虫類の二次生産力について，主要な昆虫目（insect orders）すべてに焦点を当て，年間を通し，複数年にわたって生産力の算出を試みた．これにより，河川における水生昆虫類の二次生産力の年変動や季節変動，世代変

動などの概要が明らかとなった.

13.5.1 二次生産力の推定法

　岩熊（1986）の総説によると，二次生産力の推定法は複数あり，水生昆虫類の
ように大型で，一世代内の個体の体重増加量が比較的大きなものを対象とする
場合には，以下の3つの推定法がよく利用される．すなわち，（1）経時的に生
長と生残数を調査し推定する方法，（2）生活史の最終ステージでの消失量を調
査し推定する方法，（3）他の計測値から推定する方法，である（Downing and
Rigler, 1971）.

　（1）では，Allen curve法（Allen, 1951），瞬間生長率・生長速度法（Johnson and
Brinkhurst, 1971），Size-frequency法（Hynes and Coleman, 1968），Removal
summation法（Winberg et al., 1971），Increment summation法（Winberg
et al., 1971）などが代表的なものであり，**コホート**（同齢集団：cohort）の
分離ができる集団については比較的精度良く推定ができる．（2）では，蛹化量
の推定（Bonomi, 1962），羽化量の定量ならびにP/E比（生産量／羽化量：
production/emergence）からの推定法（Speir and Anderson, 1974）などがあ
る．（3）では，平均現存量にP/B比（生産量／現存量：production/biomass）
を乗じる方法（Waters, 1969, Zelinka, 1984など），呼吸量から推定する方法
などがあるが，呼吸量を用いて推定する方法では，誤差が大きいことが知られ
ている（McNeill and Lawton, 1970）.

　千曲川中流域は水生昆虫類の餌となる付着藻類が豊富に存在するため（沖野
ほか，2006），水生昆虫類の二次生産力はこれまでかなり高いと予測されてい
た．本節では実際に水生昆虫類の二次生産力を推定することを目的に，2015年
4月から2019年3月の期間に，千曲川中流域の常田地区（河床勾配が1/180）
と岩野地区（河床勾配が1/1,000）の瀬・淵において，水生昆虫類の幼虫と成
虫の調査を毎月1回行った結果について概要を述べる．また，複数年調査を継
続して行うことで，撹乱頻度の高い河川中流域における水生昆虫類の二次生産
力の変動範囲を明らかにすることも目的の1つとした．対象とした各分類群に
ついて，二次生産力を推定するうえで，最も適した手法を上記の中から選択し，
推計を行った．まず，ユスリカ類については，幼虫では分類が難しく，拾い出

しに多くの労力と時間がかかること，また，流下個体が多いことなどの理由から，(2)「羽化量の定量ならびに P/E 比からの推定法」を採用した．トビケラ類については幼虫でコホートに分離でき，一世代内の個体の個体重の増加量が比較的大きいので，(1)「瞬間生長率・生長速度法」を採用した．カゲロウ類については，生活史の中に亜成虫という発育段階があり，コホートが追えないこと，グループにより，羽化のパターンが異なるために羽化法が利用できないことなどの理由から，(3)「幼虫の平均現存量に P/B 比を乗じる方法」で推定を行った．ガガンボ類についてもカゲロウ類に準じて，同法を採用した，以下，分類群ごとに具体的な手法について解説する．

13.5.2　ユスリカ科

　千曲川中流域の上田市常田地区の瀬と淵（堤防にあたって形成される水路状の M 形の淵）に羽化トラップを 3 器ずつ設置し，24 時間後に捕獲された水生昆虫類を全て回収した．得られたサンプルは実験室に持ち帰り，分類群ごとに分け，ユスリカ類については Langton and Pinder（2007）の検索表を用いて，亜科ごとに分別した．なお，雌成虫については雄成虫の検索表に準じて同定を行った．その後，亜科ごとに単位面積当たりの羽化数，羽化量（湿重量）などを計測した．ユスリカ科の二次生産力は，P/E 比を用いて推定した．幼虫が植食者・デトリタス（detritus）食者であるユスリカ亜科，エリユスリカ亜科，ヤマユスリカ亜科，オオヤマユスリカ亜科は，P/E $= 2.94$ を用い，肉食者であるモンユスリカ亜科については，P/E $= 2.46$ を用いて推計した（岩熊，1986）．なお，使用した羽化トラップの捕獲面積については，あらかじめ調査地点において，様々な面積の羽化トラップを作成し，それらの捕獲効率などを比較検討した結果を反映させなければならない．本調査では，底面積が $0.49\,\mathrm{m}^2$ の浮遊型トラップを採用した．詳細な構造やトラップの面積と捕獲効率などについては，岡田・平林（2020）を参照されたい．

13.5.3　トビケラ目，カゲロウ目，ガガンボ科幼虫

　トビケラ目，カゲロウ目，ガガンボ科の幼虫の採集には，サーバーネット（NMG42, $30\times30\,\mathrm{cm}^2$, メッシュサイズ $450\,\mu\mathrm{m}$）を用いたコドラート調査法を

採用した．各地点で幼虫を3サンプルずつ採集し，実験室に持ち帰り，70％ア
ルコールで固定した．水生昆虫類の同定は川合・谷田（2005）の検索表を用い
て分類群ごとに整理し，密度と湿重量を計測した．

（1）トビケラ目

　トビケラ目の二次生産力は瞬間生長率・生長速度法を採用した．トビケラ類
は，卵，幼虫（1齢幼虫から4回の脱皮で5齢幼虫となる），蛹，成虫と4つの
ステージをもつ完全変態の昆虫類である．一般に1年に1〜3世代，生活史を
回すことができ，生息環境における餌条件や水温条件などにより，生長速度が
異なることが知られている．幼虫の頭部は堅いキチン質でできており，齢に依
存して大きくなる．幼虫の頭幅を実体顕微鏡で個体ごとに計測することにより，
齢が判明し，それを用いて月ごとに齢別組成図を作成する．本図から，成長曲
線を描いて，成長解析を行うことができる．この時に現場の水温データの季節
変化と，種固有の**発育ゼロ点**（developmental zero, threshold temperature）
と**有効積算温度**（total effective temperature）の情報が必須となる．冬の時期
を含む世代を越冬世代，夏の時期を中心とした世代を非越冬世代として，世代
ごとに二次生産力を推計する．ヒゲナガカワトビケラ，ウルマーシマトビケラ，
エチゴシマトビケラの二次生産力の推定には，2015〜2019年までの4年分の
データを利用した．また，ナミコガタシマトビケラ，ナカハラシマトビケラの
二次生産力の推定には，2017〜2019年の3年分のデータを利用した．

（2）カゲロウ目

　カゲロウ目の二次生産力は，幼虫の年平均現存量を計算し，P/B比を用いて，
科ごと（ヒラタカゲロウ科，コカゲロウ科，チラカゲロウ科，トビイロカゲロ
ウ科，シロイロカゲロウ科，モンカゲロウ科，マダラカゲロウ科）に表13.3に
ある関係式から推定した（Zelinka, 1984）．

（3）ガガンボ科

　ガガンボ科の二次生産力も，カゲロウ目同様，年平均現存量法（P/B比を用
いた推定法，Waters, 1969）を用いて推計した．千曲川中流域で優占種となっ
ている *Antocha* 属については，P/B = 10.5（Gose, 1975）を用いて推計した．

表 13.3 生産力と現存量との関係

	近似式	相関係数
ヒラタカゲロウ科	y = 9.04x−0.32	r = 0.98
チラカゲロウ科	y = 7.74x	
コカゲロウ科	y = 8.81x−0.28	r = 0.95
マダラカゲロウ科	y = 7.00x−0.44	r = 0.72
その他	y = 7.75x−0.01	r = 0.95

y:年間生産量, x:年間平均現存量. Zelinka (1984) を一部改変.

詳細については Hirabayashi et al. (2019) を参照されたい.

13.5.4 全水生昆虫類の二次生産力

調査期間中の分類群ごとの二次生産力を以下の条件で求めた. 各地区のユスリカ類の二次生産力は, 瀬と淵の推計値を平均して算出した. 幼虫から算出されたヒゲナガカワトビケラ, ウルマーシマトビケラ, エチゴシマトビケラ (岩野地区のみ), カゲロウ目, ガガンボ科 (*Antocha* 属) の常田地区の 2015 年度, 岩野地区は淵の値がないため, 瀬の値のみを用いた. 算出された二次生産力 (AFDW g/m^2·year) は, 常田地区では 53.5〜90.0, 岩野地区は 46.2〜58.4 の変動幅であった (図 13.19). 二次生産力の各分類群が占める割合は, 常田地区, 岩野地区ともにすべての年度でトビケラ目の占める割合が高く, 最低でも 47% (常田地区 2015 年度, 2016 年度), 最高では 67% (常田地区 2017 年度) を占めた. トビケラ目の中でも常田地区ではヒゲナガカワトビケラの割合が高く, 岩野地区ではヒゲナガカワトビケラを除くトビケラ目の割合が高かった.

13.5.5 他河川の水生昆虫類の二次生産力との比較

本研究で得られた千曲川中流域における水生昆虫類の二次生産力は, 他の河川と比較してどのような状況となっているのか. 水生昆虫類全体の二次生産力の報告がある世界の他河川における値を図 13.20 に示した (Tsuda, 1975; Gaines et al., 1992; Meyer and Poepperl, 2003). ただし, 文献中の値は単位をそろえるために 1.0 (dry weight (g);DWg) = 6.0 (wet weight (g);WWg), 1.0 (ash free dry weight (g);AFDWg) = 0.9 (DWg) として換算したもの

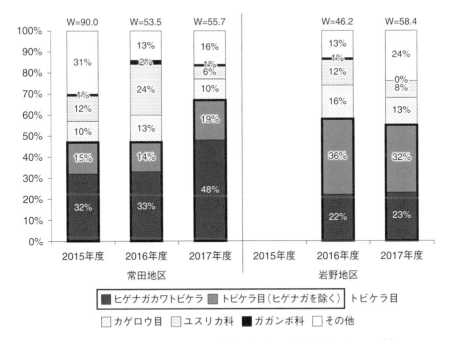

図 13.19　全水生昆虫類の二次生産力（W）に各分類群が占める割合
W の単位は AFDW g/m²·year. 平林ほか（未発表データ）より作成.

を用いた（Waters, 1977）. 算出された千曲川中流域の値は，他河川と比較して
も高い値であり，千曲川中流域は水生昆虫類の二次生産力が活発に行われてい
る環境であることが示唆された.

　ドイツの Steina 川（Meyer and Poepperl, 2003），奈良県の高見川（Tsuda,
1975）で報告された水生昆虫類全体の二次生産力のうち，各分類群が占める割
合を図 13.21 に示した. 全水生昆虫類の二次生産力のうちトビケラ目が占める
割合は千曲川中流域では 47〜67％であったが（図 13.19），ヨーロッパでは，全
水生昆虫類の二次生産力のうちトビケラ目が占める割合が 24〜42 ％と低い値
を示した. これはヨーロッパにはヒゲナガカワトビケラのような大型のトビケ
ラ類が生息しないためである. 国内の高見川においては千曲川と同様に，トビ
ケラ類が 75％と高い割合を占めた. 日本の河川においては，長期間，洪水が起
こることがなければ，造網性トビケラ目の割合が高くなることが報告されてい

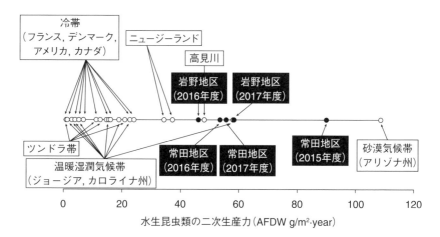

図 13.20　報告のある河川における全水生昆虫類の二次生産力の範囲
（AFDW g/m^2·year）

黒丸が千曲川の値を示す．Tsuda（1975），Gaines et al.（1992），Meyer and Poepperl（2003），平林ほか（未発表データ）より作成．

る（津田，1962）．千曲川中流域では，例年，水位が 1 m 以上上昇する洪水が頻繁に起きるため，高見川に比べ，トビケラ目の占める割合が低いと考えられた．また，Steina 川，高見川と千曲川の組成を比較すると，千曲川においてはユスリカ科の占める割合が高いことも特記すべき点である．千曲川では冬期に発生する大型のユスリカ類（ヤマユスリカ亜科）がユスリカ類全体の生産力を上げていることが推定された．

13.6　魚類の空間分布と摂餌特性

　河川の魚類は，食物網において藻類や底生無脊椎動物を捕食する消費者としての位置を主に占め，その**空間分布**や**摂餌特性**の解明は河川生態系の生産構造を理解するうえで重要である．中流域の代表的な生息環境である瀬と淵では優占魚種の構成が異なり，それに伴い捕食・競争などの種間・種内相互作用の強さも変わることから，瀬・淵に着目した分析が不可欠となる．

　中流域本流の魚類としては雑食性のコイ科魚類や植食性で藻類食のアユがよく知られているが，どちらも 1970～1980 年代をピークに漁獲量は減少し続け

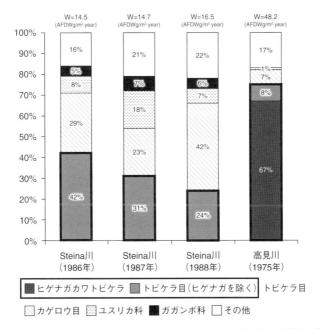

図 13.21 報告のある河川における**全水生昆虫類の二次生産力の割合**（Meyer and Poepperl, 2003; Tsuda, 1975）

ている．原因としては，高度経済成長期の川砂利の採取や水質汚濁，河道の直線化，さらに最近では北米原産の肉食外来魚ブラックバス類の分布拡大なども影響していると考えられる（川那部ほか，2013; 片野，2014）．ここでは，サンフィッシュ科のコクチバスが侵入した最近の千曲川中流域（図 13.22）を例に，魚類の空間分布ならびに摂餌特性について紹介する．

　千曲川本流の中流域では，遊泳魚ではウグイ，オイカワなどのコイ科魚類，底生魚ではアカザが数多く生息してきた（傳田ほか，2002）．しかし 2002 年頃からコクチバスが徐々に増加し，2010 年代後半にはウグイやオイカワと並ぶ優占種となっている（表 13.4，口絵 7）．

13.6.1 空間分布

　水深や流速の異なる瀬や淵をどのように使うのか，空間利用パターンは魚種によって様々である．Peterson and Kitano（2021）は千曲川中流域を対象に魚

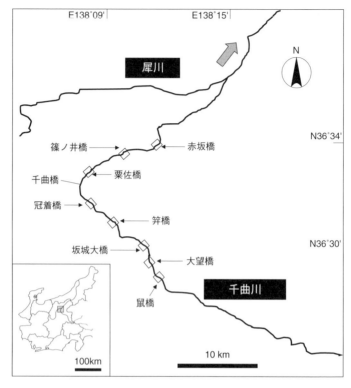

図 13.22　調査を行った千曲川中流域の地図

類の空間分布を調べ，魚種や体サイズ，密度の影響を明らかにした．2018 年と
2019 年の秋季に調査を行い，複数の**早瀬**（riffle: 水面が波立ち浅く速い流れ），
平瀬（run: 水面が滑らかで浅く速い流れ）および**淵**（pool: 深く緩い流れ）の
各環境区分（Jowett 1993；第 2 章を参照）で，投網を使って魚類を捕獲した．
各捕獲地点では水深と流速を計測し，流速を水深で除した**瀬淵指数**（河川の調
査区間が，早瀬（> 3.2）なのか，淵（< 1.24）なのか判定する基準；Jowett,
1993）を算出し，捕獲魚種との対応を検討した．この指数は，淵で小さく（平
均 0.4），平瀬（平均 1.4），早瀬（平均 2.7）の順で大きな値をとった．

　両年ともに漁獲物の大半を遊泳魚のオイカワ，ウグイ，コクチバスが占め，
2018 年はとりわけコクチバスが数多く捕獲された（図 13.23）．環境区分別で

表 13.4　千曲川本川における魚類の重量密度（投網調査では漁獲湿重量を投網面積で除して算出）

魚種でコクチはコクチバス，コイ科 3 種はウグイ，オイカワ，ニゴイの合算．地点名については図 13.22 を参照．

環境区分 / 地点 （調査年月）	重量密度 (g/m²)	主要魚種（数値の わかるものは g/m²）	推定方法，情報源
本川の瀬・淵 / 鼠橋 （1999 年 11 月）	84.7	ウグイ，オイカワ，アカ ザ，ニゴイ，フナ	瀬回し工事時での電 気漁具調査，傳田ほか （2002）
本川の瀬・淵 / 大望橋 および冠着橋 （2012 年 8 月）	4.2～19.4 （平均11.8）	ウグイ，オイカワ，コク チバス，アユ，カマツカ， ニゴイ，フナ	投網による漁獲量，河川 生態学術研究会千曲川 研究グループ（2014）
本川の瀬・淵 / 大望橋 および冠着橋 （2012 年 10 月）	2.0～18.1 （平均10.1）	オイカワ，ウグイ，ニゴ イ，コクチバス	投網による漁獲量，河川 生態学術研究会千曲川 研究グループ（2014）
本川の瀬・淵 / 冠着橋 （春季 3～5 月：2015 ～2019 年）	0.4～2.8	瀬：コクチ（0.34）， 　　コイ科 3 種（0.08）， 淵：コクチ（2.62）， 　　コイ科 3 種（0.15）	投網による漁獲量， 北野（未発表）
本川の瀬・淵 / 冠着橋 （夏季 6～8 月：2015 ～2019 年）	1.2～7.1	瀬：コクチ（0.78）， 　　コイ科 3 種（0.44）， 淵：コクチ（5.94）， 　　コイ科 3 種（1.14）	投網による漁獲量， 北野（未発表）
本川の瀬・淵 / 冠着橋 （秋季 9～11 月：2015 ～2019 年）	6.5～9.7	瀬：コクチ（2.15）， 　　コイ科 3 種（4.32）， 淵：コクチ（8.38）， 　　コイ科 3 種（1.33）	投網による漁獲量， 北野（未発表）
本川の瀬・淵 / 鼠橋～ 赤坂橋の 8 箇所 （2018 年 9 月）	2.2～13.4 （平均9.2）	ニゴイ（5.1），オイカワ （2.8），コクチ（2.6），ウ グイ（1.6），アユ（0.7）	投網による漁獲量， Peterson and Kitano （2021）
本川の瀬・淵 / 鼠橋～ 赤坂橋の 8 箇所 （2019 年 9～10 月）	1.3～4.8 （平均3.2）	コクチ（1.1），オイカワ （1.1），ニゴイ（0.8），ウ グイ（0.3），アユ（0.3）	投網による漁獲量， Peterson and Kitano （2021）

は，オイカワ・ウグイが瀬・淵にかかわらず捕獲されたのに対し，コクチバス
の捕獲は平瀬および淵に偏った．捕獲地点の物理環境を種間で比較してみると
（表 13.5），水深については，コクチバスが最も深く，オイカワ，ウグイがやや
浅い場所で捕獲された．一方，流速については，2018 年のコクチバスは 3 魚種

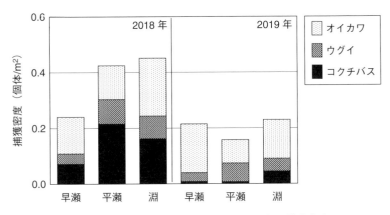

図 13.23　早瀬，平瀬，淵における遊泳魚の捕獲密度
Peterson and Kitano（2021）を改変.

表 13.5　ウグイ，オイカワ，コクチバスの捕獲地点の物理環境（平均 ± 標準誤差）

瀬淵指数（流速/水深）．右肩の小英字が異なった組み合わせには 5%水準で有意差が認められた（Peterson and Kitano, 2021）.

調査年	魚種（個体数）	流速（cm/s）	水深（cm）	瀬淵指数
2018	ウグイ（172）	35.5 ± 2.1^b	52.8 ± 2.1^b	1.02 ± 0.08^b
	オイカワ（248）	48.4 ± 2.3^a	62.3 ± 1.6^c	1.02 ± 0.06^b
	コクチバス（281）	52.0 ± 2.3^a	68.1 ± 3.0^a	1.56 ± 0.09^a
2019	ウグイ（117）	53.4 ± 2.4^b	62.0 ± 2.4^b	1.09 ± 0.08^b
	オイカワ（281）	44.5 ± 1.6^c	64.8 ± 1.9^b	1.02 ± 0.07^b
	コクチバス（42）	19.5 ± 2.8^a	87.3 ± 5.0^a	0.37 ± 0.09^a

で最も速い 52.0 cm/s であったのに対し，2019 年のコクチバスは 19.5 cm/s と最も遅かった．瀬淵指数はウグイとオイカワが 1.0〜1.1 と 2 年間安定していたのに対し，コクチバスは 1.6〜0.4 と年によって正反対の傾向を示した.

　体長と瀬淵指数との関係について，オイカワ・ウグイは体長の増加とともに淵から平瀬，さらに早瀬へと利用場所を変える傾向が認められたが，コクチバスでは密度が低かった 2019 年にはほぼすべての個体が淵を利用したのに対し，密度が高かった 2018 年には小型個体を中心に瀬を利用する個体が増加した（図 13.24）．このようなコクチバスの場所利用の変化は密度の増加に伴う種内競争によって引き起こされると考えられ，原産地の北米河川でも報告されている（Pert

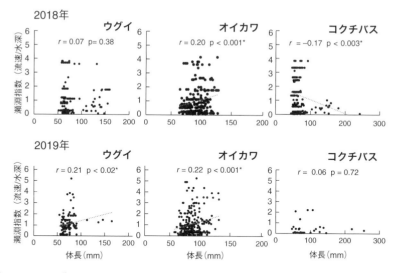

図 13.24　ウグイ，オイカワ，コクチバスの体長と瀬淵指数との関係（Peterson and Kitano, 2021）

et al., 2002）．空間利用のパターンは魚種のみならず成長段階や密度などにも
影響されて変化するものと捉えるべきであろう．

13.6.2　摂餌特性

　千曲川中流域の魚類が，瀬や淵でどのような餌生物を利用しているのか次に
紹介する．前述の Peterson and Kitano（2021）は，調査で得られた各魚種の
消化管内容物を環境区分ごとに分析し，コイ科魚類では，藻類（珪藻，緑藻，藍
藻を含む）とユスリカ類，トビケラ類，カゲロウ類などの水生昆虫が，コクチ
バスでは水生昆虫および魚類（小型のウグイ，オイカワ）が，それぞれの主要
な餌生物であること示した（図 13.25）．ただし，その組成は瀬と淵で大きく異
なっており，たとえば，オイカワとウグイはいずれも，瀬ではカゲロウ主体に少
量の藻類を，淵では藻類と水生昆虫を同程度の割合で摂餌していた．一方，肉
食性のコクチバスは，淵で魚類を，瀬では魚類よりもカゲロウを主に捕食する
傾向を示した．結果的に，瀬におけるウグイ，オイカワ，コクチバスの食性は
互いに類似したものとなった．コクチバスが瀬に進出するのはコクチバスの密

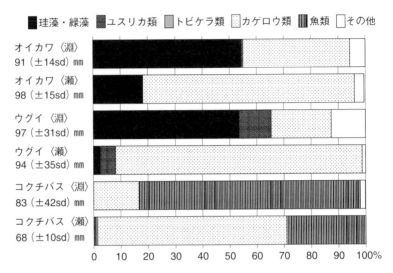

図 13.25　千曲川中流で捕獲された魚類の消化管内容物の湿重量組成
種名の下の数字は，体長（± 標準偏差）を示す．Peterson and Kitano（2021）を改変．

度が高い場合となるが，そのような年は淵においてはウグイ，オイカワを捕食する存在として，瀬では餌となる水生昆虫をめぐってコイ科遊泳魚と競合する競争者としてふるまっていることが示唆された．

　現在の千曲川中流域では，ウグイやオイカワなどのコイ科魚類は上位捕食者のコクチバスの増加によって，低密度状態が続いていると考えられる．水生昆虫を捕食するコイ科魚類は，間接的に河川の藻類を増やす**栄養カスケード**（trophic cascade：捕食の影響が高次栄養段階から低次栄養段階へと波及すること）を引き起こす役割をもつことも知られており（Katano et al., 2003, 2006），千曲川でコクチバスを減らしてコイ科魚類を取り戻すことは，藻類食のアユの好漁場の復活につながる重要な取り組みだといえる．

13.7　鳥類からみた捕食‒被食関係と鳥類の瀬と淵の利用

　ここまでみてきたように，河川の**物質循環**（material circulation）は，藻類による一次生産，水生昆虫類や魚類の二次生産など，水の中が主要な場となる．

しかし，河川生態系を構成する生き物には水の外を主な生息場所とする群集も含まれる．たとえば**高次捕食者**（higher predator）である鳥類は，河川の物質循環のなかで**二次生産者**（secondary producer）として，また，河川内で生産された有機物を河川外に持ち出す存在として重要である．鳥類を含む二次生産の機構解明が進めば，生態系や物質循環の現状の評価に有用だが，一方で高次捕食者の二次生産の計測においては，捕食者の体内での被食者の同化の程度や代謝率など多くの複雑な要因を考慮する必要があり，二次生産を直接的に数値で示すことは容易ではない．ここでは，二次生産者が捕食を通して有機物を取り入れる過程，すなわち二次生産と生態系内の**食物網**（food web）との密接な関係に着目し，河川生態系を構成する生物間の**捕食−被食関係**（predator-prey interaction）について，鳥類を中心に述べる．

13.7.1　鳥の食物を調べる方法

　鳥類の食性調査法は様々であり，採食行動の直接観察法や，ビデオ撮影による記録動画の解析，昆虫類の外骨格や魚類・哺乳類の骨などの消化されにくい部分が固まって吐き出された**ペリット**（pellet）の分析，羽毛や血液もしくは臓器など捕食者や被食者の組織を用いた窒素と炭素の安定同位体比分析，捕食者の糞中に含まれる被食者の遺伝子分析など，目的や対象とする鳥類によって方法が異なる．

　たとえば直接観察法は，採食環境と食物の情報を同時に得られるが，動きが素早い種や茂みなど隠蔽的な環境を好む種には適さない．ビデオ撮影は，設置の際に対象種への配慮が必要だが，オオヨシキリ（図 13.26）やモズなど，**繁殖期**（breeding season）に巣内の雛が親鳥から与えられる食物を視認できる種に適している．長時間の調査が可能で，記録動画は何度も見直すことができるが，記録動画の解析には相応の時間がかかる．また，孵化後数時間で親鳥とともに雛が巣から離れるシギ・チドリ類や，捕えてきた魚を巣内の雛に口移しで吐き戻して与えるウ類やサギ類には適さない．サギ類のような**魚食性**（ichthyophagous）鳥類やフクロウ類などの**肉食性**（carnivorous）鳥類では，ペリット分析がよく用いられる．ペリットに含まれる被食生物の骨からは，種とともにその数や大きさなども推定可能だが，対象生物への専門的な知識が必要である．安定同位

図 13.26　巣内の雛に直翅（バッタ）目の昆虫を与えるオオヨシキリ
→口絵 8

体比分析や糞中の被食生物の遺伝子分析は，食物網解析や捕食者の食性を網羅的に知るうえで有用だが，分析には専用の試薬や機器が必要となる．

13.7.2　千曲川における魚食性鳥類の繁殖期の食物内容

　千曲川に生息する鳥類での捕食–被食の研究は，1990 年代後半から進められてきた．例として魚食性鳥類であるサギ類とカワセミ類の計 5 種が繁殖期に巣内の雛に与えた食物をみると（図 13.27），様々な魚種が食物として利用され，なかでもアユやウグイ，オイカワ，ドジョウ類などは複数の鳥類に被食されていた．このうちウグイとオイカワは調査当時の優占魚種であり（傳田ほか，2002），育雛のためにより多くの食物が必要な繁殖期の鳥類においては，特定の魚種を選択的に捕食するというよりは，より多く生息する種，もしくは採食生態から利用しやすい種を雛に与えていると推測された．

　このような鳥類の日和見的な食物利用からすれば，魚種の分布や多寡を反映して食物内容が変化することも予想される．千曲川では，カワセミが雛に運ぶ食物内容について，2000 年代前半と 2010 年代後半にそれぞれ調査が行われている．2000 年代前半の調査ではオイカワやウグイ，ドジョウ類が主要な食物だったのに対し，後年の調査では，ドジョウ類やアメリカザリガニの割合が増え，オイカワやウグイの割合が減り，さらに利用する魚種そのものが減少した．

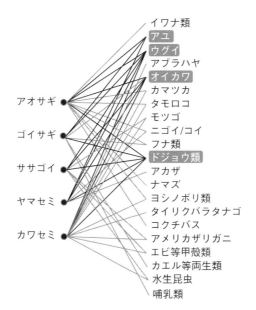

図 13.27　千曲川における繁殖期の魚食性鳥類と被食生物との対応（1996〜2018 年）
3 種以上の鳥類から利用された魚類は灰地に白字で示した．また各鳥類種にとって主要な被食生物への線は黒で，それ以外は灰で示した．中村・吉田（2001），中村・長田（2001），Kasahara and Katoh（2008）および 2014〜2020 年における千曲川調査（笠原，未発表）から作成．

カワセミの**採食環境**（foraging habitat, foraging site）が物理的に減少した可能性もあるが，魚類相の変化などにより（13.6 節を参照），一部の魚種の生息数が減少した可能性もある．検証するには魚類の現存量調査や鳥類の採食環境の定量化などが今後の課題となるが，鳥類の食物調査から，生息環境や関わる生物の変化を示唆できた事例と考えられる．

13.7.3　河川の鳥と瀬と淵

　河川の鳥類における二次生産を考えるうえでは，採食環境とそこへの出現量を理解することも重要である．鳥類の分布は一様ではなく，出現の有無や多寡には各種が利用する食物の種類や量などが影響する．一方で，食物となる水生昆虫や魚類などの水生生物の分布にも，河川の構造や河床材料，水温や流速など，様々な物理的な要因が影響する．たとえば河川の代表的な物理的構造であ

る瀬と淵では流速や水深などが異なり，水生生物の生息環境としても大きな違いがみられる．浅い瀬は太陽光が川底に届き，藻類が繁茂しやすいため，藻類を食べる水生昆虫や魚類の生息場所となる．一方，深い淵は早い流れを好まない魚類の生息場所や遊泳力の低い稚魚などの成長の場となる．瀬や淵は河川の中での位置や形状によっても環境が異なるため（永山ほか，2015），それがどのように鳥類の分布や利用状況に影響するのかは興味深い．

13.7.4　自動撮影カメラを用いた調査

　見通しの良い瀬や淵では，観察者の存在が鳥の行動に影響しやすく，長時間の観察や夜間の観察は労力的にも容易ではない．このような調査に適しているのが自動撮影カメラを利用した方法である．一般には，カメラの感知範囲内に生物が進入した際，その熱放射（赤外線）による温度変化を検出して撮影を行うセンサー機能が登載されたものが多く，農地を荒らす動物などの特定やその行動様式の解明などによく用いられている．しかし鳥類の場合には，その移動速度から，センサーが感知してから撮影するまでに，すでに対象個体が撮影可能範囲から外れている可能性もある．こうした状況に対応するためには，一定時間ごとに撮影を行う**タイムラプス**（time-lapse）機能が有用である．ここで紹介する結果はタイムラプス機能を用いた調査によるものである．

　千曲川中流域において，瀬の環境を水面上への礫の露出の有無で，淵の環境を流れが緩やかであるか速いかで分類して調査地点を設置し，出現鳥類を，自動撮影カメラを用いて記録した．記録された鳥類を（1）**潜水採食**（diving foraging）鳥類：水中に潜って採食するカイツブリやカワアイサなど，（2）**水面採食**（dabbling foraging, water-surface foraging）鳥類：潜水せず，水面に滞在しながら水中の食物を採食するマガモやコガモなど，（3）**歩行採食**（walking foraging）鳥類：潜水せず，水際の地上や川底を歩いて採食するシギ・チドリ類，サギ類およびセキレイ類など，（4）**陸鳥**（terrestrial bird）：おもに陸域を活動の場とする鳥類のことで，カラス類やカワラヒワ，スズメなど）の計 4 つのグループにわけてそれぞれ集計を行った．その結果，設定した調査地点で最も多く記録されたのは，瀬と淵に共通して水面採食鳥類であった（図 13.28）．また，瀬では歩行採食鳥類が，淵では潜水採食鳥類が水面採食鳥類に次いで多

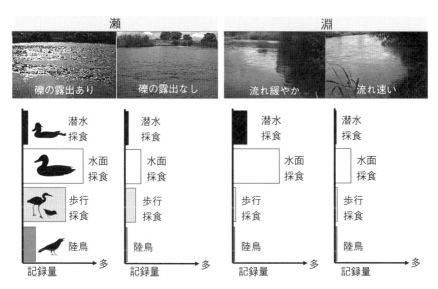

図 13.28　自動撮影カメラ調査による瀬と淵での鳥類の記録状況
→口絵 9

かった．鳥類全体の記録数は瀬（礫の露出あり）で最も多く，次いで淵（流れ緩やか）で多い傾向が認められた．瀬は採食行動の異なる様々な鳥類に利用されており，水面に露出した礫などが，歩行採食鳥類の水中へのアクセス性を高めた可能性が考えられた．淵同士の比較では，鳥類の記録数は流れの緩やかな淵でより多かった．これには食物が流れの緩やかな淵により多く存在する可能性や，水面採食鳥類が水面に滞在する労力を抑えながら効率よく採食できる可能性などが考えられた．

　二次生産の観点からこれらの結果を検討してみると，瀬と淵に共通して記録が多かった水面採食鳥類の多くは**植食性**（herbivorous）であり，これらの鳥類は摂食と排泄を通して，藻類などの河川内の有機物を水域外に持ち出している可能性が高い．また，瀬で多く記録された歩行採食鳥類のうち，シギ・チドリ類とセキレイ類は水生昆虫類を主な食物としている．これらの種は淵でほぼ記録されず，瀬では淵よりも多くの水生昆虫類が鳥類に捕食されていると推定される．淵でも飛翔しながら採食するツバメ類などに，羽化した水生昆虫類が捕食されている可能性があるが，自動撮影カメラの撮影範囲よりも上空を飛翔す

る鳥類の調査方法は，今後検討が必要な課題である．瀬で多く記録されたサギ
類や，淵で多く記録された潜水採食鳥類など，魚食性鳥類は両方の環境で記録
された．しかし，各種の出現量を考慮すると，千曲川では，水生昆虫類同様に
鳥類による魚類の捕食も淵よりも瀬で相対的に多いと考えられた．

　以上の結果から，瀬と淵での鳥類の多寡とそれらの種の食性を考慮すると，千
曲川に生息する鳥類による水中の生き物の摂食量は，瀬でより多い可能性が示
唆された．河川の二次生産量を検討する際には，出現種とその食性，また環境
ごとの違いを考慮する必要があるだろう．

13.8　河川中流域における物質収支と今後の展望

　本節では，これまで本章で紹介した各生物群集の生産力を受けて，千曲川中流
域の瀬における物質収支をとりまとめる．また，捕食–被食関係の季節性（春，
夏，秋）と生物生産について，藻類，水生昆虫類，魚類に焦点を絞り，瀬と淵
における流れを追う．最後にこれらの成果を踏まえ，千曲川中流域の生物生産
力の特徴についてまとめ，今後の展望について述べる．

13.8.1　千曲川中流域の瀬における物質収支

　千曲川研究グループ第4フェーズ（2015〜2020年）によって得られた生物生産
に関わる研究成果をもとに，図13.29に千曲川中流域における炭素の物質収支を
示した．沖野（2001）の図（図11.3上段の図）に，灰色枠を追加し，数値を改定し
て，千曲川研究グループの調査で新たに得られた知見・情報を追記した．今回の
結果では，付着藻類による一次総生産量（$1,107\,\mathrm{gC/m^2 \cdot year}$）の1.6倍にあたる
$1,743\,\mathrm{gC/m^2 \cdot year}$ もの呼吸量（正確にいうと河川生態系全体の呼吸量）が計測さ
れた．そのため，通年での付着藻類の純生産量は $-636\,\mathrm{gC/m^2 \cdot year}$ と負の値と
なった．この河川全体での呼吸量に対し，河川水中，または水中の石面表面の細
菌類の呼吸量は $129\,\mathrm{gC/m^2 \cdot year}$ であり，その差は河床，または河床深底部など
における細菌類（バクテリア）による呼吸量（有機物を分解するにあたり，酸素を
利用し，二酸化炭素を放出する働き）と推定され，かなり大きな値であることが示
唆された．一方，河川水中におけるこの負の純生産量に対して，陸上由来の有機

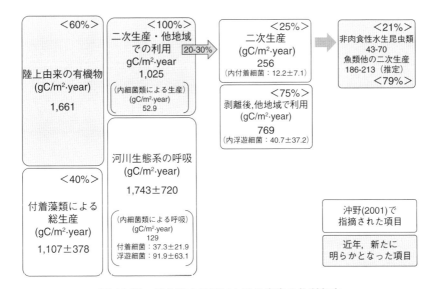

図 13.29　千曲川中流域における炭素の物質収支
→口絵 10

物が大量に流入して補われていることで，千曲川生態系の二次生産力を支えていることも明らかとなった．その量は 1,661 gC/m²·year と推定されている．河川水中の総一次生産量に占める細菌類の純生産量は，52.9 gC/m²·year（1.8%）と比較的小さい値であった．しかし，千曲川中流域における付着性および浮遊性細菌類の純生産量（それぞれ 3〜132 mgC/m²·day，6〜466 mgC/m³·day）は，他河川における値（付着性：7〜286 mgC/m²·day，浮遊性：0〜618 mgC/m³·day）と同程度であり（詳細は 13.3 節を参照），千曲川で特に低いという値ではなかった．

　陸上由来の有機物量と付着藻類による総生産量から河川生態系の呼吸量を差し引いた河川全体の純生産量（1,025 gC/m²·year）は，同時に消費者による二次生産量（細菌類による生産量も含む）と他の地域で利用される有機物量の合計値として見積もられた．このうち，魚類や水生昆虫類などの消費者による二次生産量は，河川全体の純生産量の 20〜30% とされているが，ここでは上記の有機物生産量（1,025 gC/m²·year）の 25% とし，256 gC/m²·year と見積もった．この二次生産量のうち約 21% が非肉食性（植食・デトリタス食性）の水生昆虫類による二次生産量（およそ 43〜70 gC/m²·year；洪水などの影響を受け

た年の最小値 43 から最大値 70（gC/m^2·year）であると推計され，消費者による二次生産の 16〜25％程度を水生昆虫類が占めている）であり，残りの 75〜85％（平均して約 79％）が魚類などによる二次生産力 186〜213gC/m^2·year（約 200 gC/m^2·year）であると推計された.

水生昆虫類の年間の平均現存量は常田の瀬・淵の平均で 56.2±3.8 w.w. g/m^2·year であり（詳細は 13.5 節を参照），AFDW に換算すると，10.116 AFDWg/m^2·year であるので，**回転率**（turnover rate; 集団または群集の現存量が平衡を保ちながら更新していく速度のこと．一定期間の純生産量をその期間中の平均現存量で除した値）は 4.3〜6.9 と計算された．水生昆虫類の各目（order）の回転率は，カゲロウ目（平均現存量は 1.314 AFDWg/m^2·year）で 5.4，ユスリカ科（0.318 AFDWg/m^2·year）で 28.4，ガガンボ科で（0.199 AFDWg/m^2·year）4.5 と算出された．トビケラ目（8.028 AFDWg/m^2·year）では，高見川でのヒゲナガカワトビケラの回転率が 6.4（御勢，1977）であるのに対して，千曲川では，越冬世代で 3.6（年による大きな変化はなし），非越冬世代では，2.9（2016 年 5〜7 月：この間洪水あり）から 6.5（2015 年 5〜10 月：この間安定）であると推計された.

一方，植食性魚類であるアユの二次生産力は他の魚類に比べて極めて高いことが報告されており，京都府の宇川では，最大で 413.7 g/m^2·year（炭素換算で 33.1 gC/m^2·year）と報告されている（川那部，1970）．千曲川の魚類の二次生産力をみると，アユ（すべて放流由来）は遊泳魚の約 6％にとどまる一方，2000 年代になって侵入したコクチバスが 22％と，日本在来のニゴイ 36％，オイカワが 23％に次ぐ優占魚種となり，ウグイの 11％と合わせると，これら 4 魚種が魚類生産の 93％を占めた（13.6 節の表 13.4 を参照）.

水中有機物の窒素と炭素の安定同位体比の計測結果（13.4 節）より，陸上由来の有機物と，水中由来の有機物との比がおよそ 6:4 であることから，陸上由来の有機物量は 1,661 gC/m^2·year と見積もられ，付着藻類による総生産量を上回る大きな値を示した．また，他地域で利用される有機物は 769 gC/m^2·year で，消費者による二次生産量の 3 倍の値を示した.

13.8.2　千曲川中流域における捕食-被食関係の季節性と生物生産

　生物生産には，生物の生活史や生息場所なども大きく影響するため，その生産力は季節やその生息環境で大きく異なる．図 13.30 に，魚類を中心とした生物生産力を，春（3〜5 月），夏（6〜8 月），秋（9〜11 月）の 3 季節ごとに，また瀬，淵の 2 つの生息場所に分けてまとめて示した．それぞれの生物生産力の推計では，以下のように条件を定めて値を算出した．藻類の一次生産力は，マスバランス法の総生産力（gC/m²·day）を季節で平均して算出した．ただし，淵では水中での光の減衰率から瀬の 7 割と仮定して算出した．系外からの流入，剥離量は季節変動を前提にせず，いずれの季節でも，純生産に対し 8 割とした（13.4 節）．水生昆虫類は，年間の値を季節ごとに現存量で配分し，魚類の二次生産力としての現存量は，投網の捕獲重量をもとに算出（湿重量 ×0.08 でカー

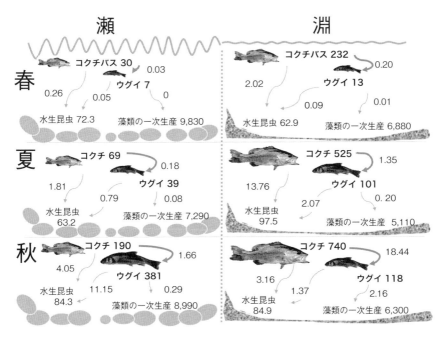

図 13.30　瀬・淵における魚類を中心とした生物生産力（単位： mgC/m²·day）
太い灰色の矢印はコクチバスがウグイを捕食する量を示している．→口絵 11

ボン量に換算）した．また，魚類では年間生産力を $220\,\mathrm{gC/m^2}$ と設定（藻類の純生産量 $*0.25-$ 水生昆虫類の二次生産力）し，現存量（表 13.4 を参照）に応じて各季節・各生息場所の魚種に配分して日当たりの生産力を計算した．なお，図 13.30 では雑食性魚類の代表としてウグイの生産量を示しているが，これはオイカワとニゴイの生産量も含んだ値である．また，生長量の 1%（春）から 3%（夏と秋）は捕食量で，かつ食性は季節によらず一定（13.6 節の表 13.5 を参照）と仮定し，各矢印の数値を計算している．太い灰色の矢印はコクチバスがウグイを捕食する量を示している．

　以上のことから，千曲川における生物生産の特徴をまとめる．なお，本記述ならびに以下の 13.8.3 項，13.8.4 項の内容については，「令和 3 年度 国土交通省河川砂防技術研究開発公募 地域課題分野（河川生態） 研究開発テーマの事後評価結果報告書」からの引用である（国土交通省，2021）．

　瀬における付着藻類の純生産力には，年間を通してあまり大きな変化は認められなかった．総生産に大きく関わる付着藻類の現存量は，夏季から秋季に少なくなる傾向が毎年観察されたが，冬季から春季の付着藻現存量には変化がみられなかったので，ここに示された総生産量が季節性を反映しているかは不明である（13.2 節を参照）．水生昆虫類の生産力においても，季節性および環境の違いはみられなかった．ただし，冬季の水生昆虫類の生産力は春の生産力よりも高く，主には，ユスリカ類（特に大型のヤマユスリカ亜科）が重要な役割を果たしていると推測された（13.6 節を参照）．魚類の生産力に関しては，肉食性魚類（コクチバス）と雑食性魚類（ウグイ，オイカワ，ニゴイ）が主体となるが，それらの胃内容物組成から推定される被食水生昆虫のほとんどはカゲロウ類（7〜9 月の夏季に羽化）であり，ユスリカ類，トビケラ類は極めて少なかった（13.6 節を参照）．トビケラ類の生産力は，水生昆虫類全体の 50% 近くを占めるが，魚類に利用されているのは全生産量の約 10% を占めるカゲロウ類であり，淵ではカゲロウ類はほとんど羽化してこない．コクチバスは秋の淵で生産力が高く，ウグイを多量に捕食していると推計され，同時期に淵に生息するウグイは，藻類を多く捕食していると考えられた．一方，ウグイは秋の瀬で生産力が高く，水生昆虫類を多く捕食していると推計された．このほか，淵に生息する水生昆虫類は，夏季にコクチバスに多く捕食されていると推計された．

　千曲川で観察されたように，季節的に，環境ごとに付着藻類の生産性が大きく異なることは，同じ水域の同じ河川ユニット内においても，一次生産力が時空間的に大きく異なることを意味している．また，それらを利用する水生昆虫類や魚類の捕食速度自体も大きく変化することも示唆している．千曲川の魚類生産は秋に高いことが示されたが，洪水が少ない年であれば，藻類や水生昆虫類の現存量も大きくなるため，生物生産力全体は，さらに高くなると予想されると思われる．

13.8.3　千曲川中流域における生物生産力のまとめ

　沖野（2001）によると，千曲川の総生産量は $1,056\,\mathrm{gC/m^2 \cdot year}$，呼吸量は $272\,\mathrm{gC/m^2 \cdot year}$，その差が純生産量 $786\,\mathrm{gC/m^2 \cdot year}$ として報告されている（図11.3）．沖野（2001）が計測した呼吸量の値は，河川水中に生育する付着藻類そのものの呼吸量を計測した結果である．具体的には河川水中で，付着藻類の付いた石礫をボックスに入れ，小型のプロペラを回して水流をつくって計測している．本研究では，総生産量は $1,107\,\mathrm{gC/m^2 \cdot year}$ と，沖野（2001）の報告とほぼ同様の値を示したが，呼吸量が $1,743\,\mathrm{gC/m^2 \cdot year}$ と高い値を示した．これは，本研究で採用したマスバランス法が，河床や河床下をも含めた河川生態系全体の総呼吸量（河床深くに堆積していると思われる有機物を細菌類などが分解するときに使用される酸素量）を計測しているためであると推測され，結果として，付着藻類による純生産量がマイナスの値を示した．このことは，調査期間内における千曲川中流域の二次生産力が，陸上由来の有機物にも大きく支えられていたことを示唆している．落葉・落枝などの陸上由来の有機物は，FPOM の形態で水中を流れ下るために，二次生産者である水生昆虫類のうち，水中の粒状有機物を網でろ過して摂食するろ過食者の生産力が高かったことも理解しやすい．ただし，13.4 節でも述べている通り，陸上由来の有機物が，近傍の河畔林由来であるのか，さらには，より上流域から供給される有機物であるのかについては，現時点では不明である．

　Gurung et al.（2019）によると，日本国内の多くの河川において，純生産量がマイナスとなる事例が報告されている．河床が大きく変動するような大規模洪水が起きると，河床下に堆積した有機物が一掃され，河床の呼吸量が小さく

なり，相対的に藻類の純生産量が高くなるのかもしれない．逆に長期間，大規模な洪水が起きなければ，河床下に有機物が堆積し，呼吸量が増大し，二次生産者は陸域の有機物に依存せざるを得なくなっているのかもしれない．

水生昆虫類では，河川が安定化し，造網型のヒゲナガカワトビケラなどの密度が増加すると生産力も高くなるが，トビケラ類は魚類にあまり捕食されないため，物質循環上は，あまり重要ではないともいえる．一方で，魚類に主に利用される水生昆虫類はカゲロウ類（7〜9月の夏期に羽化）であった．水生昆虫群集においてカゲロウ類が優占するには，造網性トビケラ類が主となる極相に至らぬよう，河川が適度な撹乱を受けることが望ましい．

魚類では，千曲川に本来存在しなかった外来魚コクチバスを減少させることができれば，ウグイ，オイカワの生産力が上がると予測される．しかし逆に，これらの雑食性魚類の増加は捕食による水生昆虫の減少を引き起こす可能性もある．

本研究の成果は河川の中でも生産性の高い中流域において，その構成単位である瀬・淵区域を対象とした結果であり，より多様性の高い流域全体を対象とする場合には，さらなる基礎的な研究の展開が必要となろう．

13.8.4　今後の千曲川研究グループの研究とその展望

千曲川研究グループの研究成果により，河床低下に伴う水深・流速の増加が，一次生産量の変化，餌資源を含めた魚類生息環境に影響を与えること，瀬・淵の発達した単流路や浅い低流速域を有する複数流路で構成される水域が重要であることなどが明らかとなった（13.4 節）．これらの知見は河川再生事業の現場で，すでに活用されつつある．また，冬期における河道内掘削や河道内工事などの河川生態系への影響などについても，環境保全措置の観点から具体的な回避策や配慮事項などを提言できる可能性があり，将来，具体的な課題への応用が期待できる．本研究調査終了間近の 2019 年東日本台風（台風ハギビス）により，対象調査地の河道の構造は大きく変動した．そのため，これまで蓄積されてきた千曲川中流域における生物生産力のポテンシャルが，この洪水でどのように変化し，どのように回復していくのかについて，新たな視点での検討をスタートさせることが期待される．

コラム 13.1

環境トリチウムトレーサを利用した日本における水循環の解明

　人間活動に由来する放射性同位元素やそれによる汚染については，福島原発やウクライナ・チョルノービリ原発の大事故もあり，よく知られている．その一方で，大気圏上層部で自然に発生する環境放射性同位元素についても理解を深めることが重要であり，それは地球規模の水循環を理解する一助となる．トリチウム（^{3}H）は，水素の放射性同位元素であり，半減期は 12.32 年である．また，水分子（^{3}HHO）の一部となったトリチウムは化学反応の影響を受けないことから，降雨から地中を経由して河川，湧水，井戸へ至るまでの滞留時間を推定できるユニークなトレーサである．1963 年 10 月に発効した部分的核実験禁止条約により大気圏内での核融合実験は禁止されたが，それ以前の 1950 年代から 1960 年代には，大量のトリチウムが北半球で放出され，その影響は大気圏で著しく，月降水中の環境トリチウム濃度にも及んだ．国際原子力機関（IAEA）は，1960 年から降水中のトリチウム（および水素・酸素安定同位体）を計測するグローバルネットワーク（GNIP）の運用を開始した（IAEA, GNIP のホームページ）．得られたデータをもとに，人間活動により大気圏に放出されたトリチウムの濃度は1963 年にピークを示し，降水中のトリチウム濃度がその後急速に減少したことを報告している．GNIP により，世界各地においてトリチウムデータを長期間に渡り連続して収集することが可能となった．その結果，降水中の環境トリチウム濃度は，冬から春にかけて，また，緯度が高くなるにつれて上昇する傾向があるなど，重要な知見が得られてきている．さらに，20 世紀末時点での南半球の環境トリチウム濃度も明らかになった．ちなみに，北半球では，大気圏のトリチウム濃度が最大で南半球の 100 倍にも及んだため，環境トリチウム濃度が南半球で観測されたレベルに落ち着くには，その後約 10 年の年月を要した．その間，北半球では，基本的に，人間活動由来のトリチウムの濃度を水循環の追跡に利用することができた．これに対し，南半球では，降水中の環境トリチウムの濃度を利用した．しかし，この場合，極微量なトリチウムを正確に計測する技術が必要となり，それが可能なのは，ニュージーランドとオーストラリアの研究所，ウィーンにある IAEA 本部のみであった．北半球に位置する日本も，人間活動由来のトリチウムの影響はあったものの，降水に対する影響は比較的小さかったため，ヨーロッパ大陸より早期に環境トリチウム濃度の利用を再開した（Gusyev et al., 2016, 2019）．

　以降紹介する千曲川周辺の水循環に関する研究も，環境トリチウム濃度を利用

しており，こうした研究としては，本州中央部で実施された初めての試みである．本研究では，降水から河川，湧水，井戸に至る浅層・深層地下水の循環を把握することを目的に，極微量トリチウム分析を実施した．研究は千曲川沿いに位置する坂城町を中心に行い，雨水，河川水および浅井戸水を分析して，それぞれのトリチウム濃度を計測した．これをもとに，地下水流出量と雨水流出量の和として河川流量を評価し，2 成分モデルで河川流量に対する雨水の混合比（または young water fraction）を推定した．その結果，浅層地下水と千曲川の相互作用や火山周辺の深層地下水の涵養を確認することができた．また，千曲川上流域の平均滞留時間（mean transit time）を推定するため，流域内の雨水，湧水，河川水，井戸水を採取し，トリチウム分析を実施した．河川流量と推定平均滞留時間を用いることで，トリチウムサンプリング地点より上流の千曲川集水域の地下水貯留量を推定した．同位元素，表流水，地下水の水文技術を組み合わせることで，地下水の移動と貯留の状況を把握できるようになる．水資源管理には，水循環動態を流域規模で把握する必要があるが，この目的のためにも環境トリチウムトレーサは有効である．まとめると，千曲川の研究から以下のような結果が得られた（伊藤・Gusyev, 2020）．

1. 水分子の構成要素であるトリチウムは，ユニークなトレーサとして，表流水および地下水サンプルの分析に適用可能である．
2. 複数回採水できない湧水および地下水の分析には，極微量トリチウム分析が必要である．
3. 日本で実施可能な中濃度トリチウム分析は，降水の分析に費用対効果が高い．また，河川水についても，複数サンプルを用意することで，平均滞留時間の推定に利用できる可能性がある．
4. トリチウムトレーサにより，流域スケールの水動態を知ることができ，日本の水資源の特徴を把握することができる．

第 14 章
流域スケールでの水生昆虫の
集団構造と遺伝構造

　河川生態系が生物の集団構造と遺伝構造の関係性を評価するうえでの好適な対象であることは，すでに第 4，8 章で述べられている．ここでは，連続的な環境変容がありながらも階層性をもち，源流域から河口域において生息する種が入れ替わるような**流程分布**種群に着目して解説する．

　複数の水系において類似した「流程分布」がみられる場合，そうした流程分布傾向の再現性が強く担保されるため，**ニッチ分化**，いわゆる**棲み分け**を科学的に捉えるうえでは絶好の場となる．河川生態系を構成する生物種のなかでも種多様性が高く，同属の複数種が 1 つの水系内に生息するような水生昆虫類では，流程分布傾向を詳細に把握しやすい．また，第 4，7，8 章で取り上げられているように，上流から下流への流程による種群の入れ替わりに加えて，流心から河岸にかけての流速の違いに応じた微生息場所での「棲み分け」も生じているが，ここでは割愛する．

14.1　水系ネットワーク構造と水生昆虫の流程分布

　流程による棲み分けや，微生息場所での棲み分け現象については，多くの水生昆虫類の研究者や河川での生態調査に従事する技術者が共通する肌感覚として理解しているものの，科学的なデータで示された事例となると思いのほか少ない．コラム 14.1 で紹介する「河川水辺の国勢調査」のデータを中心に，モンカゲロウ類 3 種の流程分布傾向を分析した研究や岡山・旭川水系での詳細な調査は貴重な事例である．ただし，顕著な流程分布とはいえ，複数種が混生するようなエコトーンは必ず存在する．こうした混生域では，種間にどのような関係性があるのだろうか．フタスジモンカゲロウとモンカゲロウが高密度で生息する信濃（千曲）川水系の上流部である女鳥羽川（松本市）における，種間相互

作用の調査を紹介したい．河道内に約 1 km 間隔で 15 調査定点を設置し，地点当たりに 10 コドラート（方形枠）を河床に固定したうえで，2019 年 4〜9 月に定期的な**定量採集**（quantitative sampling：枠内のモンカゲロウ類をすべて採取）を実施した．結果として，調査を開始した 4 月は 2 種の流程分布は全国的な傾向と類似していたが，5 月にモンカゲロウが羽化し，河道内から幼虫が消失すると，それまでモンカゲロウ幼虫が占めていた微生息場所をフタスジモンカゲロウ幼虫が占めるという季節的動態が明らかとなった（図 14.1）．つまり，両種の流程分布は，単純に環境要因のみで決まるわけではなく，両種が混生する分布境界域では，種間の相互作用もかなり強く機能していることが示された．

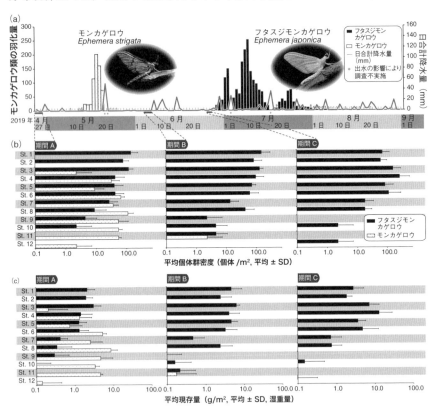

図 14.1　信濃（千曲）川水系上流部の女鳥羽川におけるモンカゲロウとフタスジモンカゲロウの種間相互作用
Okamoto et al.（2022）を改変．

14.2　水生昆虫の流程分布と遺伝構造

　第8章で述べられている通り，源流域の細流を好む種では水系内で支流の細流ごとに遺伝的な分化が生じやすく，かつ各細流の小さな集団では遺伝子型が固定されやすい傾向がある．さらに**遺伝的浮動**（random genetic drift）の影響などから地理的に近い集団同士であっても大きな遺伝的分化が検出されることもある．日本国内では，源流域の環境に特化した水生昆虫種群を対象とした遺伝構造解析や系統進化に関する研究は，種分化や亜種分化の観点や保全遺伝学的観点から数多くなされてきた．

　河川規模の大きな中・下流域に適応した種にとって，生息場所（ハビタット）は比較的連続的に配置され，それぞれの集団サイズは大きくなる．このような種群では，集団の連続性が高まり，広い地理的スケールでの遺伝子流動などによって遺伝的多様性が高くなる傾向，そして同じ遺伝子型が広域的に共有されるような傾向が予想される．このような分布特性をもつ種群はいわゆる「普通種」であることが多く，保全遺伝学的な対象にはなりにくいものの，近年では**隠蔽種**（cryptic species）の検出と関連づけた研究が増えつつある（8.3節を参照）．ここでは，信濃（千曲）川水系に流程分布するヒラタカゲロウ類の事例を紹介する．同属の近縁種であるエルモンヒラタカゲロウとマツムラヒラタカゲロウは水系の上流域と中流域に流程分布し，両種の対照的な遺伝構造が報告されている（図 14.2）．この結果は，生息場所の選好性とその連続性を反映したものと考えられる．

14.3　止水環境に適応した水生昆虫の集団構造と遺伝構造

　本章では，主に流水環境に適応した生物種群を対象とした集団構造や遺伝構造に関して述べてきたが，河川生態系においては，ワンドやたまりなどの止水環境に適応した生物の集団構造や遺伝構造の関係性を詳細に把握することも重要である．

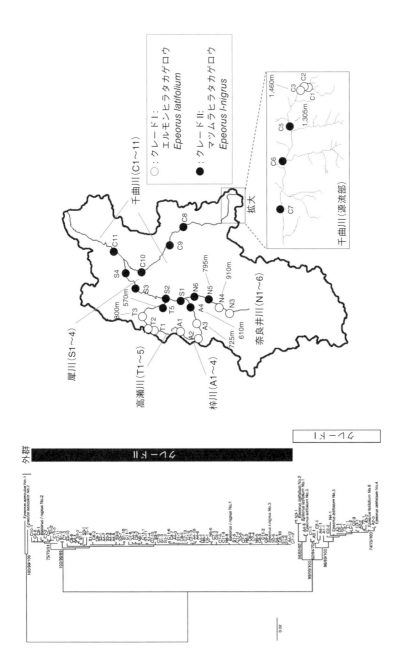

図 14.2 信濃（千曲）川水系におけるエルモンヒラタカゲロウ *Epeorus latifolium* とマツムラヒラタカゲロウ *E. l-nigrus* の系統関係と分布地域

幼虫で両種を識別することは不可能であるが，遺伝子解析の結果，2 つの遺伝系統（クレード I, II）に明確に区分された．両種を識別することのできるオス成虫の遺伝子解析をしたところ，クレード I がエルモンヒラタカゲロウ，クレード II がマツムラヒラタカゲロウであることが判明した．N：奈良井川，S：犀川，T：高瀬川，C：千曲川をそれぞれ示しており，地点名のアルファベットにつづく数字は上流から 1〜の順に割り振っている（Ogitani et al., 2011 を改変）．

　一般に，氾濫原環境は出水の度に大きく変化するような撹乱の多い環境であり，止水環境に適応した水生昆虫類は分散力が強いと考えられてきた．一時的に形成されるような止水環境にも生息でき，また生息環境が悪化した際には近隣の止水域へと迅速に移動・分散するような特性をもつ種が多い．すなわち，河川系内にパッチ状に形成される止水域を頻繁に往来しながら**メタ集団**（metapopulation：第8章を参照）を維持しているものと考えられる．

　水生昆虫のコオイムシもそのような典型例であり，遺伝子解析の結果，パッチ状に配置される止水環境間を比較的広域的に移動分散をしながらメタ集団を維

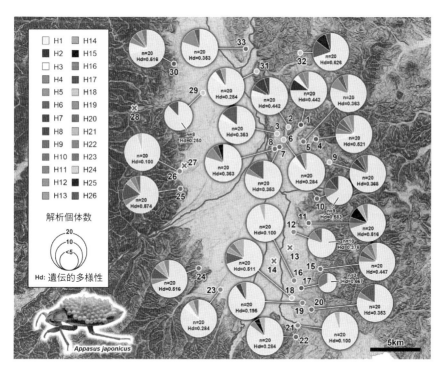

図14.3　信濃（千曲）川水系の上流部である松本盆地内の池沼におけるコオイムシの集団遺伝構造解析の結果

昆虫のDNAバーコード領域であるミトコンドリアDNAのCOI領域の解析を実施したところ，26タイプの遺伝子型（H1〜26）が検出された．×印は未採取地点を示す．各地点の円グラフ内のnは解析個体数，Hdは遺伝的多様性（ハプロタイプ多様度）を示している．（Tomita et al., 2020を改変）→口絵12

持している可能性が示された（図 14.3）．加えて，コオイムシ以外の水生昆虫の
種多様性やコオイムシの遺伝的多様性が高い池沼は，この地域の**ソース**（sorce：
供給源）として，種多様性や遺伝的多様性の低い池沼は**シンク**（sink：供給先）
として，この地域全体がメタ集団的に機能している可能性が示唆された．

　また，水生昆虫のコバントビケラ類では，2 種が日本列島広域分布をしてお
り，コバントビケラは山地渓流の淵内の落ち葉だまりに生息し，ウスイロコバ
ントビケラは自然に形成された湖池沼に生息している．近縁種間で流水（渓流）
と止水（湖池沼）に生息するような生息場所選好性の違いは珍しいことから，両
種の遺伝構造を比較したところ，対照的な結果が得られた（図 14.4）．両種の
生息場所の接続性の差異が遺伝構造にあらわれている．ただし，生息場所が流
水と止水という相違だけでなく，山地渓流は比較的近接した配置となりやすい
一方で，湖池沼はどうしてもパッチ状に孤立・散在的な配置となりやすいこと，

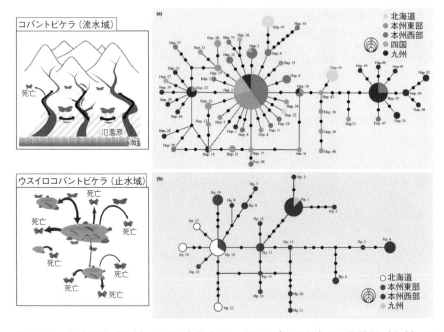

**図 14.4　山岳渓流（流水）の淵に生息するコバントビケラと自然の湖池沼（止水）に
生息するウスイロコバントビケラの日本列島広域を対象とした遺伝構造**
両種の遺伝構造をハプロタイプネットワークとして示す（Takenaka et al., 2021 を改変）．
→口絵 13

つまり生息場所の接続性の影響も大きいものと考えられる.

14.4　水生昆虫の流程分布と遺伝構造研究の今後

　ここまでは，流水であれ止水であれ，地域集団レベルでの分布傾向と遺伝構造の関係を明らかにした事例を紹介してきた．とはいえ，実際に遺伝情報に関するデータを伴うこれらの事例は希少であり，理論的に導かれるような関係性が実際に成立しているのかは，引き続き検証が必要である.

　また，集団が形成されてきた過程をより長い時間軸で見た場合，日本列島の形成過程をも考慮する必要がある（8.7 節を参照）．日本列島の大部分を構成する陸域が 2,000〜1,500 万年前に大陸から離裂するようにして形成され，その後にも東北日本と南西日本が**フォッサマグナ**と呼ばれる深く大きな海峡で長年（1,500〜500 万年前）にわたって隔てられていた歴史をもつ．第四紀（258 万年前以降）における氷期–間氷期サイクルの海水面の変動により，たびたび大陸と陸繋化してきた地域では（Otofuji et al., 1985; Tojo et al., 2017），「どの時代に，どの地域から渡来したのか？」，あるいは，たとえば氷期に分布域を縮小せざるをえなかった温暖な環境に適応した種群において，「厳しい氷期におけるリフュージア（refugia：**逃避地**）がどのような地域に，どの程度の規模で存在したのか？」などの評価を抜きに遺伝構造の議論を展開することは困難であり，誤った解釈を与えかねない．すなわち，現在の集団構造と遺伝構造に関する結果だけでの議論ではなく，対象種群における系統進化史や系統地理などを把握したうえで評価することが重要である．また，特定の水系内の集団構造と遺伝構造の関係性を評価するような**ファイン・スケール**（fine scale）での議論を行う際には，種内の地域集団レベルでの遺伝構造を議論できるような**遺伝子マーカー**の存在も重要となる.

　これまでは，地域集団レベルでの遺伝的多型を比較的検出しやすい遺伝子領域としてミトコンドリア DNA の COI（cytochrome *c* oxidase subunit 1）領域や核 DNA の ITS（internal transcribed spacer）領域などが解析の対象とされることが多かったが，より鋭敏な分子マーカーを用いた遺伝構造解析が希求されている．様々な生物種群においてマイクロサテライト（SSR）マーカー

が開発され，遺伝構造解析に用いられてきた．水生昆虫類においてもヒゲナガカワトビケラ（Yaegashi et al., 2014）やコオイムシ（Suzuki et al., 2020）でSSR マーカー開発がされているが，種を超えた近縁種での解析は困難であり，対照種ごとにマーカー開発しなければならないことは大きな負担となってきた．

　このような背景下で，日本発祥の鋭敏な遺伝マーカー作成技術が注目されている．MIG-seq 解析は SSR に挟まれた塩基内の多型を検出する手法で（Suyama and Matsuki, 2015），種個別のマーカー開発などを必要とせずに，ゲノム広域から多数の塩基多型（SNPs）を低コストで取得できる点が評価され，動植物を問わず多様な生物種を対象とした研究が実施されている．河川に生息する底生動物としては，ニホンザリガニでの実績があり，従来のミトコンドリア DNA による遺伝構造解析よりもさらに高感度での地域集団レベルでの遺伝構造解析がなされている（Koizumi et al., 未発表）．また，トヨタ自動車が開発したランダム・プライマー間の塩基多型（SNPs）をゲノム広域から検出する GRAS-Di 技術も多数の SNPs を検出することが可能であり，こちらも動植物を問わず成果が公表されはじめている．止水の事例で挙げたコオイムシでは SSR 解析と GRAS-Di 解析の双方が試みられ，GRAS-Di 解析は地域集団レベルでの遺伝構造の比較検討などに適していることが示されている（図 14.5）．先に実施されていたミトコンドリア DNA COI 領域の解析で，日本のコオイムシが大陸（朝鮮半島・中国本土）のコオイムシに対して**側系統群**を構成したが，多くの SNPs を対象とした GRAS-Di 解析においても同様の傾向が支持され，日本列島から朝鮮半島への**逆分散**（back dispersal：島嶼から大陸への分散）がより強く支持された．また，SSR 解析は個体識別や親子判定などでの有効性が示され，双方の遺伝マーカーの特性を活かし，目的に応じた使い分けが推奨される．山地渓流域に生息するノザキタニガワトビケラ類の系統地理解析でも，種内や近縁種間での遺伝構造解析において GRAS-Di 解析の有効性が示されている（Suzuki et al., 2022）．

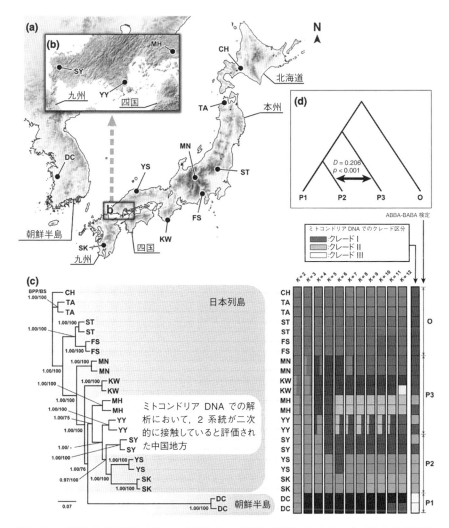

図 14.5　GRAS-Di 解析（ゲノム広域からの SNPs 解析）によるコオイムシの地域集団レベルでの系統関係.

日本列島と大陸（朝鮮半島）のコオイムシを対象に（a）（b）の図で示す地点のサンプルを解析した結果，（c）の系統樹が得られた．日本列島の系統のなかから朝鮮半島の系統が分化したことが支持された．ミトコンドリア DNA での系統解析では，日本列島内に 2 系統が検出され，そのうちの九州・山陰地方の系統が朝鮮半島系統に近縁であることが示されていたが，この傾向は GRAS-Di 解析においても支持された．（c）の右側はアドミクスチャー解析の結果を示しており，ミトコンドリア DNA 解析の結果を支持しつつ，より詳細な遺伝構造を示し，（d）に示すような 4 つの遺伝系統の分化パターンが支持された．BPP/BS は，各分岐点の精度を示す値で，BPP（事後確率）と BS（ブートストラップ値）を併記している（Suzuki et al., 2021 を改変）．→口絵 14

14.5 水生昆虫の流程分布と遺伝構造から紐解く生物生産性

　生物生産性の評価において，生物の集団構造と遺伝構造の知見がどのように寄与するのだろうか．撹乱の多い河川生態系では，渇水や出水，人為的な環境改変などの影響を受けながら，常に集団構造や遺伝構造も変動しながら動的な平衡状態が維持されている．撹乱前後での水生生物の動態を追跡することは困難であるが，遺伝構造から撹乱により強くダメージを受けた流域（シンク：供給先）の推定，ダメージが小さく撹乱後の集団回復における供給源（ソース）として機能した流域の推定などが可能である．これらソース–シンクの関係性については第 8 章で述べているが，河川生態系のダイナミズムを紐解くうえでの大きな可能性を秘めているのが遺伝子解析である．近年の解析技術の発展も著しく，遺伝的多様性に関する地理的パターンから，移動分散の方向性や強度の推定が高い精度で実施されるようになり，その結果，遺伝子流動におけるソース地域の推定が可能となってきた．すなわち，生産性の観点における流域内ホットスポットの可視化などにおいても多いに期待されるアプローチといえる．

コラム 14.1

河川水辺の国勢調査

　近年，誰にでも入手可能な生物種の分布データの拡充が進展し，様々な研究で利活用されている．**地球規模生物多様性情報機構**（Global Biodiversity Information Facility: GBIF）などはその典型例の 1 つである．GBIF とも関連する日本国内のデータベースとしては，環境省の**自然環境保全基礎調査**（https://www.biodic.go.jp/kiso/fnd_list_h.html）や博物館の標本情報を取り扱うサイエンスミュージアムネット（S-Net）（https://science-net.kahaku.go.jp/）などがある．そして，日本の淡水域に生息する水生生物における詳細なデータベースとして，国土交通省の河川環境データベース **河川水辺の国勢調査**（https://www.nilim.go.jp/lab/fbg/ksnkankyo/）がある．

　河川水辺の国勢調査のデータベースには「河川版」と「ダム湖版」という 2 つのカテゴリーがあり，河川版では主に一級河川の国が管理する区間（主には中・下流域）が対象となり（全国を網羅する 109 水系が対象），ダム湖版では国や水資源機構の管理する主要ダムのダム湖とそこに流入・流出する河川が調査対象とさ

れている．1990 年に始まったこの調査は，30 年以上の長年にわたり，統一的な手法による河川そのものの環境評価に加え，動植物相に関する調査が実施されている．こうした世界有数のデータベースがオープンリソースとして無償で提供されているのも特徴である（毎年，調査対象の水系やダム湖を交代しながら，5 年で 1 巡することになっている．ただし，植物や両生類・爬虫類・哺乳類など一部の分類群は 2006 年度から 10 年に一度の実施に変更されている）．調査結果がまとめられた生物種のリストや調査地点情報がエクセルファイルやシェープファイル形式で簡単にダウンロードすることができる．データの提供方法に関しても，年々，視覚的にわかりやすく，使いやすく工夫されている．

　生物調査の対象として扱われる分類群は多岐にわたり，魚類，底生動物（水生昆虫類や甲殻類など），鳥類，両生類・爬虫類・哺乳類，陸上昆虫類などそして植物や，動植物プランクトン（ダム湖版のみ）などのデータが蓄積されている．そして河川環境の調査（河川環境基図作成調査）として，瀬・淵・水際などの状況が調査されている．「河川水辺の国勢調査」の詳細や取り扱う際の留意点については，末吉ほか（2016）で詳説されているので参照いただきたい．現在は，特に魚類を対象として，より正確な魚種数の把握のため，**環境 DNA** を用いた取り組みも進められており，河川水辺の国勢調査への環境 DNA 調査技術の実装が期待されている．

　全国スケールでの統一的な手法により集積された多様な分類群の膨大な分布情報を扱うことができるという点，GIS で利用できるシェープファイルで調査地点情報を提供されている点などから，研究活動や行政における施策などに効果的に活用されており，今後ますます需要が高まると思われる．

　実際に，魚類相のデータを用いたエコリージョン区分（地域魚類相の類型化）（Itsukushima, 2019）や，過去と現在の魚類相の比較（森ほか，2022），ダムと魚類相の関係性（Han et al., 2008），魚類と底生生物における水温・水質の影響評価（天野・望月，2011），底生動物群集の現存量の空間分布（小林ほか，2013），水生昆虫における近縁種間の分布域特性の分析（Okamoto and Tojo, 2021）など，様々な研究に利活用されてきた．将来的には，GIS で利用可能な気候データや環境データの種類の増加や解像度の向上が期待されるため，こうした基盤的データベースの学術的価値はさらに高まると予想される．

第15章
生物生産のモデルと指標化

　第13章では，千曲川中流域を対象とした物質循環，エネルギー流および生物生産に関する研究を生物群集ごとに紹介した．物理的・化学的環境と生物を関連づけ，生物間の複雑な相互関係を総合的に河川生態系管理の実務に役立てるうえで，第10章で紹介したモデル開発は大きな役割を果たす．また成果を統合化したモデルの開発だけでなく，その精度の検証，さらに実際の河川生態系管理に役立つ何らかの指標づくりが必要である．このとき重要なのは，比較的，計測しやすい指標を用いて，河川生態系の健全性を把握する取り組みである．

　本章では，まず，複数の生物階層が関係した複雑な河川生態系のモデル化と検証結果を紹介する．次に，平水時の川幅と水深を利用した生産性管理基準（造語；15.2.1項で解説）を新たに提案し，併せて**二次生産者**の代表である魚類の現存量を用いて，提案した生産性管理基準の実用性について説明する．

15.1　河川版コンパートメントモデルの開発とその検証

15.1.1　現存量と生物生産，そのモデル化に関する留意点

　生物生産のモデル化では，当然ながら生物の**現存量**および生物生産への理解が重要である（詳しくは第11章を参照）．生物生産を実測するのは難しい．生物生産の定義である「生物が外界に存在する物質を材料として自己のからだを作り上げること」に基づいて考えてみると，河川生態系を構成する生物のうち，移動能力が高い魚類や鳥類が好例であるが，これらの生物の自己のからだを作り上げる過程，すなわち，日々の重量の変化を観測することは難しい．現地観測に室内実験や数値計算を組み合わせるなど，様々な方法で生物生産を求める必要がある．また，調査時期・頻度が異なる複数の生物群集に跨る生物生産の

推定は，季節のような長期間でまとめた推定に留まることが多い．そのため，本研究における河川版コンパートメントモデルでは，現存量と生物生産の推定を行っている．コンパートメントモデルの検証においては，確実な計測値である現存量を対象に検証結果を紹介する．

15.1.2　コンパートメントモデルの紹介と河川版コンパートメントモデルの必要性

第10章で，**コンパートメントモデル**を，楠田ほか（2002）の定義から「生態系を含む環境を構成している要素を目的に適うように取捨選択して組み合わせ，相互体系化して表したもの」であると紹介した．また，コンパートメントモデルの特徴について，国際生態モデル学会は，そのシステムを定義する変数は，時間に依存する様々な方程式により定義される（Jørgensen and Fath, 2011）としている．つまり，コンパートメントモデルは，今回のように複数の生物階層が関係し，複雑な河川生態系をモデル化するうえでいくつかの利点をもつ．

第一の利点として，河川生態系のサブシステムである生物群集とその相互作用をモデル化がしやすい．千曲川研究グループの目標の1つは，河川区間の相互比較を通して，生物生産が高い区間を見つけ，高い生物生産を維持・管理する基準を作ることである．生物生産は，河川地形，流況，流況に応じた個々の生物の生物生産，生物間の関係性に大きな影響を受ける．河川区間の相互の比較を行うには，河川区間の複雑な関係性を1つのまとまりにできるコンパートメントモデルは利点がある．

第二の利点として，**流動変動**という不確実性をモデルに組み込みやすい．河川の生物生産は，季節により大きく変化する．春から夏にかけて，強い陽ざしを受ける時期には一次生産を中心に生物生産が活発に行われる．同時に，降雨に伴う流量の増加や出水は，有機物の運搬，生物の移動を促す．移動可能な生物は，生物生産が高い区域に移動し，他の生物が生産した有機物を利用しながら成長をする．一方，秋から冬にかけては，出水撹乱が少なくなり，安定した環境で成長する生物（たとえば，付着藻類）は大きく現存量を増やす．このように，生物生産は河川流量の変化に対応し，その内部構造を変化させる．時間変化に合わせ，内部の構造を組み替えられるコンパートメントモデルは，河川

区間の比較に適している.

　コンパートメントモデルを用いた先行研究には,湖沼の水質管理に適用事例がある (Wang et al., 2012). 河川と比較して**閉鎖性**が高く水位や生物間の関係性などの安定性が高い湖沼においては,生態系を構成する生物群集の現存量や相互関係を記述しやすく,コンパートメントモデルの適用が行われてきた.しかし,千曲川をはじめとする河川は**開放系**であり変動性の大きな環境である.そのため,河川生態系の特性を踏まえたコンパートメントモデルの開発が必要となる.

15.1.3　河川版コンパートメントモデルの概要

　本研究における河川版コンパートメントモデルの概要を図 15.1 に示す.河川版コンパートメントモデルは,既往研究 (Schramski et al., 2007) におけるコンパートメントのブロック図を参考にして構築している.河川生態系を構成する生物群集として対象としたのは,細菌,付着藻類,水生昆虫,魚類,鳥類である.千曲川には多くの種が生息するが,今回は図 15.1 内に示す藻類,水生昆虫および魚類を選定した.

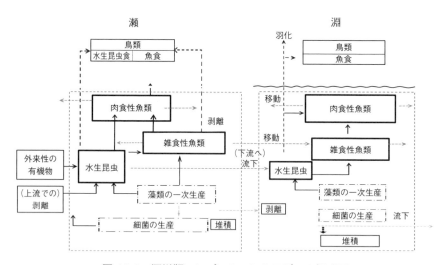

図 15.1　河川版コンパートメントモデルの概略図

図 15.2 に河川版コンパートメントモデルの計算フローを示す．コンパートメントモデルでは，大きく分けて 3 つの段階があり，第一段階が流量時系列などのデータ取り込み・平面流況計算部分，第二段階が各生物群集階層における現存量および生物生産の推定，第三段階が計算結果出力部分となる．第一段階は 3 つの作業から構成されており，最初は流量時系列などのデータ取り込みである．これは河川生態系の特徴である流量変動に伴う不確実性を表現するため，流量時系列データを取り込む部分である．今回のモデルでは，研究期間中の日流量

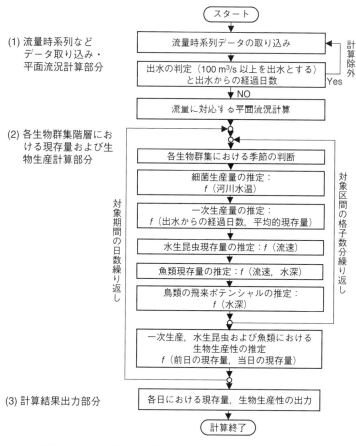

図 15.2 河川版コンパートメントモデルの計算フロー

の時系列データを取り込む. 2 つ目の作業として流量が $100\,\mathrm{m}^3/\mathrm{s}$ 以上を洪水として判別し, 洪水中の現存量・生物生産は「計算なし」とした. 3 つ目の流量に対応する平面流況計算部分は, 連続の式と流体の運動方程式を用いて 2 次元 (流下方向, 横断方向) で流れを計算する. これにより調査地の水深 (m), 流速 (m/s) などの流れの状態分布を求めることができる.

　フローの第二段階は, 本章各節の生物調査結果と流況の計算結果の関連性を定式化し, 現存量および生物生産を求める部分である. 現存量や生物生産と流況の計算結果の関連性は季節により異なる. このため, 各生物の生物調査結果と流況の計算結果の関係式を季節により選択する機能をもたせた.

　生物生産に関しては, 以下の基礎式を用いて計算した. このとき, 計算対象日の t 日における現存量と計算対象日前日の $t-1$ 日における現存量の変化を生物生産とした. ただし, 各生物の生物生産がマイナスなった場合には, 前日からの生産を 0 とした.

　(1) $B_t - B_{t-1} >= 0$ の場合

$$P_t = B_t - B_{t-1}$$

　(2) $B_t - B_{t-1} < 0$ の場合

$$P_t = 0$$

　　　t：観測された日, P：生物生産, B_t：t 日における現存量

　フローの三段階目である計算結果出力部分は, 平面流況計算結果と各生物の現存量・生産を平面流況の計算場所と関連づけ出力する部分である. この関連づけにより, 現存量・生物生産の平面分布を出力することが可能となる. 現地調査結果と現存量・生物生産の平面分布の出力結果を比較することで, 現存量・生物生産の空間的不均質性を表現できているかの検証が可能となる.

15.1.4　河川版コンパートメントモデルの検証

　構築した河川版コンパートメントモデルの精度を実際に検証してみる. 今回は千曲川における一次生産, 水生昆虫類および魚類を例に, 河川版コンパート

メントモデルで計算された各生物群集の推定現存量と，現地調査もしくは室内
実験から観測された現存量とを比較することで検証した．一次生産（図15.3），
水生昆虫類（図15.4）および魚類（図15.5）のいずれも，現地観測とコンパー
トメントモデルからの推定による現存量は類似しており，ほぼ再現できている
ことがわかる．同時にこのことは，モデルにおいて設定したパラメータが適切
であったことも意味している．一次生産では，出水からの経過日数と現存量の
比例係数を，水生昆虫では流速と水生昆虫現存量の関係性の調整を，魚類では，
流速・水深と魚類現存量の関係性の調整を行った（図15.2）．

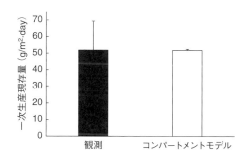

図15.3　一次生産現存量に関する観測とコンパートメントモデルの比較
図中のエラーバーは標準誤差を示す．

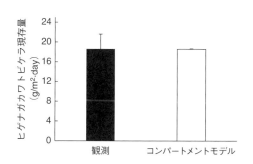

図15.4　ヒゲナガカワトビケラ現存量に関する観測とコンパートメントモデルの比較
図中のエラーバーは標準誤差を示す．

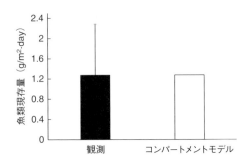

図 15.5　魚類現存量に関する観測とコンパートメントモデルの比較
図中のエラーバーは標準誤差を示す.

15.2　生産性管理基準の提案

15.2.1　生産性管理基準の概要

　コンパートメントモデルが構築できたので，いよいよ河川の二次生産を良好に保つための河川管理基準となりうる生産性管理基準について検討する．まず，基準となる変数を選定する必要がある．環境要因（微環境要因）と生物の現存量・生産性の関係性を考えると，流速，水深，水温は，生物群集の現存量・生産に影響を与える微環境要因だといえるだろう．一方で，これらのすべての微環境要因の観測，監視および管理も容易ではない．要因を絞り込むために常田地区，岩野地区における平面流況計算結果を分析したところ，水深は，流況計算により得られる他の平面流況計算結果を要約する指標であることを確認できた．また，水温変化は，水深変化との関係性が高いこともわかった．以上の流れから，河川の流れを代表する指標の 1 つ目に水深を選定した．

　ここで重要なことは，平水時の水深（以下，h と記述する）の，平水時の流量（以下，q と記述する）との深い関係性である．q が大きくなると h とともに川幅が大きくなり，q が小さくなると h とともに川幅は小さくなる．すなわち q の増減とともに川幅も変動するため，川幅も同時に考える必要がある．千曲川は，出水時以外，q は比較的安定しているため川幅も安定している．そのた

め，平水時の川幅（以下，b と記述する）を h とともに，生物生産性に影響を
与える指標とみなし，この 2 つの指標を統合する際の b と h の関係性が，微環
境要因を総括する生産性管理基準の重要な指標となりうると考えた．ここまで
の検討から，b と h の関係を，以下のように比で表現し，生産性管理基準の指
標（以下，b/h と記述する）として提案できた．

$$\frac{b}{h}$$

b：平水時における川幅（m），h：平水時における水深（m）

この指標において h を分母としたのは，過度に大きな h（深い水深）は，生物
生産に関して良好な環境ではないと考えられるためである．魚類を例とすると，
水深が増加すると水深の増加に伴う流速の上昇は，魚類の現存量を減少させる
ことで二次生産にも影響する（第 13 章を参照）．生物間相互作用においても，
水深の増加は，特定外来種であるコクチバスの選好域を増加させ（13.6.1 項を
参照），この種の侵入・定着を促すなど生物多様性に関わる問題を引き起こす．
また，b を分子としたのは，b は，生物生産にとって良好な環境を提供すると考
えられるためである．大きな b（広い川幅）は，一次生産の基礎となる太陽光
エネルギーを水域生態系に取り込むインターフェースとなる．千曲川において
は，b が大きく q が安定していることから，h を小さくすると，瀬淵構造の形成
を促す．瀬淵構造が形成すると，水生昆虫・魚類といった二次生産を上昇させ
ることにつながると考えられる．

　河川におけるこの指標の具体的な計算手順を，横断測量（図 15.6）から説明
する．横断測量は，左岸から河道変化の特徴を抽出するように標高を測量する
なかで，河道地形の変化や，瀬・淵などとして認識される河川地形の変化も詳
細に記録される．その際，左岸からの測量点は，広い河道断面を微小な断面に
分割していると考えることもできる（図 15.6–①）．次に定期横断測量の直上流
に定期横断測量と同じ断面を仮に設定し，微小断面を微小流路と捉える流路を
設定する（図 15.6–②）．微小流路の河床勾配は，対象区間の平均河床勾配とす
る．これらの微小な流路を対象に，連続の式とマニングの平均流速公式を用い
て微小流路の流量を計算すると（図 15.6–③），その総和は河川の流量と考える
ことができるので，微小流路の平均水深を調整し，微小流路の流量と河川の流

①横断測量データの入力断面　N（上流）

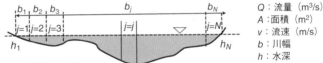

Q：流量（m³/s）
A：面積（m²）
v：流速（m/s）
b：川幅
h：水深

②微小距離上流に同じ断面を想定

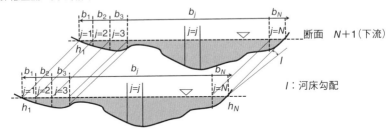

断面　N+1（下流）

I：河床勾配

③連続の式とマニングの平均流速公式を用いて暫定的な流量を算出

$$q = A \cdot v = \Sigma(bi * hi) * \frac{1}{n} R^{\frac{2}{3}} I^{\frac{1}{2}}$$

$$= \Sigma(bi * hi) \quad \frac{1}{n} \left(\frac{bi * hi}{si} \right)^{\frac{2}{3}} I^{\frac{1}{2}} \quad (1) \qquad S_i：潤辺$$

④式（1）を用いて常田地区の平均流量 $q = 35$（m³/s）を目指して水位を調整
⑤b, h が算出される

図 15.6　生産性管理基準の指標（b/h）の求め方
詳細は本文を参照，河床勾配や潤辺については 10.3.3 項を参照.

量が一致するまで水深の調整を行う（図 15.6–④）．これにより，河川の流量と一致する横断面の平均水深 h および川幅 b を求めることができ（図 15.6–⑤），b/h を求めることができる.

　横断測量は，全国の河川で定期的に実施されるとともに，過去からのデータ蓄積が豊富にある．すなわち，横断測量を用いることで，生産性の時系列変化を明らかにでき，そこから現在の状況診断を行うことが可能になる.

15.2.2　生産性管理基準の検証

　本章で提案した生産性管理基準の指標である b/h の実用性を検証するために，千曲川において実施された魚類調査から得られた魚類の現存量と b/h の比較を行った（図 15.7）．コンパートメントモデルは常田地区と岩野地区での現地調査などをもとに構築しているが，魚類調査はこれらの地区以外を含めて千曲川の

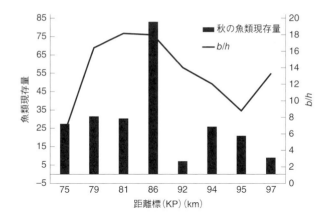

図 15.7 魚類現存量と生産管理基準の指標（*b/h*）の関係性

広域にわたって実施されている．複数地点との比較の結果，常田地区と岩野地区外においても，指標とした b/h は，概ね良好に魚類現存量の空間的な偏在を表現していると考えられた．またこの結果は，千曲川研究グループ第3フェーズ（2008～2013年）において，生産性のホットスポット（とくに生産性が高いエリア）であると指摘された距離標86 km付近で最大になった．これらのことは，b/h の指標としての有効性を示している．

　一方で，79 km付近では，b/h は高かったものの現場の観測による魚類現存量は低かった．これはこの指標に改良の余地があることを示している．この地点で指標と観測による現存量の傾向に差が生じた理由の1つには，この地点では河川が複流路であることが考えられる．複流路では流れの側岸部の面積が増大するため，生産が有効に行われる水深以下の水深と川幅が多くなる．その結果として b/h が増加した可能性がある．これに対する対策としては，条件を満たした点数を流路数で割るなどの処理が必要となる．生産性管理基準は，今後の研究で改良を行う予定である．

本書のまとめ

　内水面漁業の振興に関する法律が 2014 年 6 月に成立して以来，川や湖など
の内水面漁場における生物資源の増殖や，その管理について水産分野を中心に
議論がなされてきた．ところが，河川自体にどの程度の生物生産力があるのか，
どの程度のキャパシティーやポテンシャルがあるのかなどの具体的な現場の状
況が不明のまま，これまで議論や検討がなされてきたと思う．本書第 13 章にお
ける中流域の生物生産力の研究事例は，まさにこれらの問いに応えられる内容
となっており，全国各地の河川で，参考事例として取り組んでいただけると思
われる．具体的には，漁業権魚種の検討や，その放流量・増殖量などを決める
根拠やヒントとなる事柄が多かったのではなかろうか．河川は常に変化してい
るため，数十年前の知見で現在のこれらの情報などを推察することは大変難し
い．第 1 部ではその点について，詳細に解説をしたつもりである．これから食
料難の時代を迎えるにあたり，また，予測が難しい気候変動の波が襲来してく
る中で，「河川についてもう一度，真剣に取り組んでいかなくてはいけないので
はないか」という感覚を一人でも多くの読者にもっていただければ，大変うれ
しく思う．

　千曲川研究グループでは，「河川中流域における生物生産性の機構解明と河川
管理への応用」をテーマとしてこれまで研究を行ってきた．その結果，「生物生
産力の研究」では，河川の生物生産力の高い区域（ホットスポット）が河川の
中流域に存在するのではないかということを，野外データを積み上げ，モデル
を構築することによって明らかにすることができた．食物網の観点で整理する
と，基礎生産が高い場所の周辺で二次生産が高くなる傾向が把握できた．言い
換えると，付着藻類の現存量の高い場所に水生昆虫類が高密度で生息し，水生
昆虫類を捕食する魚類・鳥類が引き寄せられ，さらに魚類を捕食する鳥類が引
き寄せられるようにその場に集中し，その区域の生物群集の現存量の分布があ

る程度決定づけられ，多様性も高くなると推定される．このシステムを河川工学の視点で整理すると，河床材料が礫で「瀬・淵構造」が発達する場所は，水深が浅く適度な流速があるため，上述のように基礎生産力が高くなり，その上位に豊かな生物生産がのってくるという系になっている．現段階では中流域に限定されているが，河床材料が礫で典型的な「瀬・淵構造」が発達する場所であれば，川幅水深比が高い傾向にあることも明らかとなり，川幅水深比が，中流域の生物生産性を維持管理するうえで有力な指標の１つとなりうる可能性も示唆された．

　千曲川研究グループでは，千曲川流域の河道特性の異なる２地区において，生物生産性に関する，ホットスポットの存在を明らかにした．しかしその機構の詳細な解明までには至っていない．

　今後は，河川中流域における生物生産の機構の解明と，より良い河川生態系の保全と管理に向けた応用的な研究が必要となってくると思われる．近年，千曲川流域では外来性の珪藻類ミズワタクチビルケイソウが流域で分布を拡大し，魚の餌となる水生昆虫類や，アユなどの魚類に大きな影響を及ぼしつつある．重ねての記載となるが，川は常に変化している．本書が「川について自ら学修し，川を良く知り，川に興味をもって，川を積極的に利活用する」ことの一助となってもらえれば，大変うれしく思う．

平林公男

引用文献

第1章

Allan JD, Castillo MM, Capps KA (2021) Stream Ecology: Structure and Function of Running Waters, 3rd Edition. Springer, Switzerland

Allen GH, Pavelsky TM, Barefoot EA, Lamb MP, Butman D, Tashie A, Gleason CJ (2018) Similarity of stream width distributions across headwater systems. *Nature Communications*, 9: 610

Benda L, Poff NL, Miller D, Dunne T, Reeves G, Pess G, Pollock M (2004) The network dynamics hypothesis: How channel networks structure riverine habitats. *BioScience*, 54: 413–427

Boulton AJ, Datry T, Kasahara T, Mutz M, Stanford JA (2010) Ecology and management of the hyporheic zone: Stream–groundwater interactions of running waters and their floodplains. *Freshwater Science*, 29: 26–40

Hauer FR, Locke H, Dreitz VJ, Hebblewhite M, Lowe WH, Muhlfeld CC, Nelson CR, Froctor MF (2016) Gravel-bed river floodplains are the ecologicalnexus of glaciated mountain landscapes. *Science Advances* 2: e1600026

Horton RE (1945) Erosional development of streams and their drainage basins: Hydrophysical approach to quantitative morphology. *Geological Society of America Bulletin*, 56: 275–370

Hughes RM, Kaufmann PR, Weber MH (2011) National and regional comparisons between Strahler order and stream size. *Journal of the North American Benthological Society*, 30: 103–121

萱場祐一，島谷幸宏（1999）河川におけるハビタットの概念とその分類．土木技術資料，41: 32–37

森照貴，中村太士（2013）流域の水系ネットワーク．（川那部浩哉，水野信彦 監修）河川生態学，228–253．講談社，東京

Nakamura F, Swanson F, Wondzell SM (2000) Disturbance regimes of stream and riparian systems: A disturbance-cascade perspective. *Hydrological Processes*, 14: 2849–2860

Nakano S, Murakami M (2001) Reciprocal subsidies: Dynamic interdependence between terrestrial and aquatic food webs. *Proceedings of the National Academy of Science of the United States of America*, 98: 166–170

根岸淳二郎，川西亮太，宇野裕美，東城幸治（2020）河川と水辺環境保全のための地下生物指標による生態系健全度評価．昆虫と自然，55: 26–29

Negishi JN, Alam MK, Rahman M, Kawanishi R, Uno H, Yoshinari G, Tojo K (2022) Three years in the dark: life history and trophic traits of the hyporheic stonefly, *Alloperla ishikariana* Kohno, 1953 (Plecoptera, Chloroperlidae). *Hydrobiologia*, 849: 4203–4219

Poff NL, Zimmerman JKH (2010) Ecological responses to altered flow regimes: A literature review to inform the science and management of environmental flows. *Freshwater Biology*, 55: 194–205

Poole GC (2002) Fluvial landscape ecology: Addressing uniqueness within the river discontinuum. *Freshwater Biology*, 47: 641–660

Rice SP, Greenwood MT, Joyce CB (2001) Tributaries, sediment sources, and the longitudinal organisation of macroinvertebrate fauna along river systems. *Canadian Journal of Fishsrries and Aquatic Science*, 58: 824–840

Rosenzweig ML (1995) Species Diversity in Space and Time. Cambridge University Press, Cambridge

Sabo JL, Power ME (2002) River-watershed exchange: Effects of riverine subsidies on riparian lizards and their terrestrial prey. *Ecology*, 83: 1860–1869

Sabo JL, Holtgrieve GW, Elliott V, Arias ME, Ngor PB, Räsänen TA, Nam S (2017) Designing river flows to improve food security futures in the Lower Mekong Basin. *Science*, 358: 1270

Shreve RL (1966) Statistical law of stream numbers. *The Journal Geology*, 74: 17–37

Smith TA, Kraft CE (2005) Stream fish assemblages in relation to landscape position and local habitat variables. *Transactions of the American Fisheries Society*, 134: 430–440

Strahler AN (1957) Quantitative analysis of watershed geomorphology. *Transactions of the American Geophysical Union*, 38: 913–920

Sueyoshi M, Tojo K, Ishiyama N, Nakamura F (2023) Population stability and asymmetric migration of caddisfly populations, *Stenopsyche marmorata* (Stenopsychidae), in a forest-agriculture landscape. *Aquatic Sciences*, 85: 98

Tojo K (2010) The current distribution of aquatic insects inhabiting river systems, with respect to their population and genetic structure. In: EL Harris, NE Davies (eds) Insect Habitats: Characteristics, Diversity and Management, 157–161. Nova Science Publishers, Inc, New York

Tojo K, Sekiné K, Takenaka M, Isaka Y, Komaki S, Suzuki T, Schoville SD (2017) Species diversity of insects in Japan: Their origins and diversification processes. *Entomological Science*, 20: 357–381

Tomita K, Suzuki T, Yano K, Tojo K (2020) Community structure of aquatic insects adapted to lentic water environments, and fine-scale analyses of local population structures and the genetic structures of an endangered giant water bug *Appasus japonicus*. *Insects*, 11: 389

Uno H, Power ME (2015) Mainstem-tributary linkages by mayfly migration help sustain salmonids in a warming river network. *Ecology Letters*, 18: 1012–1020

Uno H, Stillman JH (2020) Lifetime eurythermy by season-ally matched thermal performance of developmental stages in an annual aquatic insect. *Oecologia*, 192: 647–656

Uno H, Yokoi M, Fukushima K, Kanno Y, Kishida O, Mamiya W, Sakai R, Utsumi S

(2022) Spatially variable hydrological and biological processes shape diverse post-flood aquatic communities. *Freshwater Biology*, 67: 549–563

Vannote RL, Minshall GW, Cummins KW, Sedell JR, Cushing CE (1980) The river continuum concept. *Canadian Journal of Fisheries and Aquatic Sciences*, 37: 130–137

Ward D (ed) (1995) The New Rivers & Wildlife Handbook. The Royal Society for the Protection of Birds. Sandy (United Kingdom) RSPB

吉村千洋（2013）有機物の流れ．（川那部浩哉，水野信彦 監修）河川生態学，34–47，講談社，東京

第2章

土木学会水工学委員会，水理公式集編集小委員会（2018）水理公式集．土木学会，東京

岩佐義朗（1991）最新河川工学．森北出版，東京

川那部浩哉，水野信彦（監修），中村太士（編）（2013）河川生態学．講談社，東京

国土技術政策研究所ホームページ．http://www.nilim.go.jp/lab/rcg/newhp/yougo/words/008/html/008_main.html，2023 年 4 月 22 日確認

国土交通省（2022）水文水質データベース，http://www1.river.go.jp/，2023 年 11 月 10 日確認

中川一（2014）河川堤防の決壊と対策技術．土木学会 2014 年度（第 50 回）水工学に関する夏季研修会講義集，A–4

Poff NL, Allan JD, Bain MB, Karr JR, Prestegaard KL, Richter BD, Sparks RE, Stromberg JC (1997) The natural flow regime. *BioScience*, 47: 769–784

Richard HF, Lamberi GA (2017) Methods in Stream Ecology Volume 1: Ecosystem Structure. Elsevier, U.K.

帝国書院編集部（編）（2020）中学校社会科地図．帝国書院，東京

U. S. EPA (2015) Connectivity of Streams and Wetlands to Downstream Waters: A Review and Synthesis of the Scientific Evidence. U.S. Environmental Protection Agency, Washington D.C.

山本晃一（1994）沖積河川学．山海堂，東京

第3章

有田正光（1998）流れの科学．東京電機大学出版局，東京

土木学会（1999）土木用語大辞典．技報堂出版，東京

土木学会水工学委員会（2015）環境水理学．土木学会，東京

土木学会水工学委員会（2020）令和元年台風 19 号豪雨災害調査団報告書（中部・北陸地区）．土木学会，東京

土木学会水理委員会（1985）水理公式集．土木学会，東京

加藤元海（2014）流速と流量．（日本陸水学会東海支部会 編）身近な水の環境科学：実習・測定編，35-38，朝倉書店，東京

株式会社ハイドロ総合技術研究所ホームページ. 映像を用いた非接触型流速・流量計
　　https://hydrosoken.co.jp/service/hydrostiv.php, 2022 年 5 月 3 日確認
国土交通省ホームページ a. 水文水質データベース. http://www1.river.go.jp, 2022 年 5 月
　　3 日確認
国土交通省ホームページ b. 河川砂防技術基準 調査編. 流量観測. https://www.mlit.go.jp/
　　river/shishin_guideline/gijutsu/gijutsukijunn/chousa/pdf/shiryou_chousa.pdf, 2022
　　年 10 月 23 日確認
国土交通省ホームページ c. https://www.mlit.go.jp/river/basic_info/jigyo_keikaku/gaiyou/
　　seibi/about.html, 2023 年 4 月 13 日確認
竹林洋史（2014）河川地形の種類. 河川工学, 45–52, コロナ社, 東京
吉田圭介, 前野詩朗, 間野耕司, 山口華穂, 赤穂良輔（2017）ALB を用いた河道地形計測の精
　　度検証と流況解析の改善効果の検討. 土木学会論文集 B1（水工学）, 73–4, I_565-I_570

第 4 章

Baxter CV, Fausch KD, Carl Saunders W (2005) Tangled webs: Reciprocal flows of
　　invertebrate prey link streams and riparian zones. *Freshwater Biology*, 50: 201–220
Benda L, Poff NL, Miller D, Dunne T, Reeves G, Pess G, Pollock M (2004) The network
　　dynamics hypothesis: How channel networks structure riverine habitats. *BioScience*,
　　54: 413–427
Cellot B (1996) Influence of side-arms on aquatic macroinvertebrate drift in the main
　　channel of a large river. *Freshwater Biology*, 35: 149–164
Frissell CA, Liss WJ, Warren CE, Hurley MD (1986) A hierarchical framework for stream
　　habitat classification: Viewing streams in a watershed context. *Environmental Man-
　　agement*, 10: 199–214
Jackson RB, Carpenter SR, Dahm CN, McKnight DM, Naiman RJ, Postel SL, Running
　　SW (2001) Water in a changing world. *Ecological Applications*, 11: 1027–1045
Kawaguchi Y, Nakano S (2001) Contribution of terrestrial invertebrates to the annual
　　resource budget for salmonids in forest and grassland reaches of a headwater stream.
　　Freshwater Biology, 46: 303–316
川合禎次, 谷田一三（2005）日本産水生昆虫：科・属・種への検索. 東海大学出版, 東京
川那部浩哉, 水野信彦（監修）, 中村太士（編）（2013）河川生態学. 講談社, 東京
Merritt RW, Cummins KW (1996) An Introduction to the Aquatic Insects of North
　　America, 3rd Edition. 862, Kendall-Hunt Publishing Company. USA
森照貴, 石川尚人（2014）特集のおわりに：河川生態系の "つながり" に関する展望（〈特集 1〉
　　境界で起こるプロセスに注目して河川生態系を理解する）. 日本生態学会誌, 64: 143–150
Morisawa, M (1968) Streams: Their Dynamics and Morphology. McGraw-Hill, NewYork
根岸淳二郎, 川西亮太, 宇野裕美, 東城幸治（2020）河川と水辺環境保全のための地下生物
　　指標による生態系健全度評価. 昆虫と自然. 55: 26–29
Negishi JN, Alam MK, Rahman M, Kawanishi R, Uno H, Yoshinari G, Tojo K (2022)

Three years in the dark: life history and trophic traits of the hyporheic stonefly, *Alloperla ishikariana* Kohno, 1953 (Plecoptera, Chloroperlidae). *Hydrobiologia*, 849: 4203–4219

扇谷正樹，中村寛志（2008）天竜川支流小黒川におけるヒラタカゲロウ科幼虫の流程分布と季節変動．信州大学環境科学年報，30: 57–66

Okamoto S, Tojo K (2021) Distribution patterns and niche segregation of three closely related Japanese ephemerid mayflies: A re-examination of each species' habitat from "megadata" held in the "National Census on River Environments". *Limnology*, 22: 277–287

Okamoto S, Saito T, Tojo K (2022) Geographical fine-scaled distributional differentiation caused by niche differentiation in three closely related mayflies. *Limnology*, 23: 89–101

Rhoads BL (1987) Changes in stream channel characteristics at tributary junctions. *Physical Geography*, 8: 346–361

Ribera I, Vogler AP (2000) Habitat type as a determinant of species range sizes: The example of lotic-lentic differences in aquatic Coleoptera. *Biological Journal of the Linnean Society*, 71: 33 52

Saito R, Tojo K (2016) Complex geographic and habitat based niche partitioning of an East Asian habitat generalist mayfly *Isonychia japonica* (Ephemeroptera, Isonychiidae), with reference to differences in genetic structure. *Freshwater Science*, 35: 712–723

Sato T, Egusa T, Fukushima K, Oda T, Ohte N, Tokuchi N, Watanabe K, Kanaiwa M, Murakami I, Lafferty KD (2012) Nematomorph parasites indirectly alter the food web and ecosystem function of streams through behavioural manipulation of their cricket hosts. *Ecology Letters*, 15: 786–793

Sato T, Ueda R, Takimoto G (2021) The effects of resource subsidy duration in a detritus-based stream ecosystem: A mesocosm experiment. *Journal of Animal Ecology*, 90: 1142–1151

関根一希，渡辺直，東城幸治（2020）「豊年蟲 オオシロカゲロウ」研究の 50 年：大量発生を引き起こす一斉羽化と地理的単為生殖．昆蟲ニューシリーズ，23: 119–131

Storey AW, Edward DH, Gazey P (1991) Recovery of aquatic macroinvertebrate assemblages downstream of the Canning Dam, Western Australia. *Regulated Rivers: Research & Management*, 6: 213–224

竹門康弘（2005）底生動物の生活型と摂食機能群による河川生態系評価．日本生態学会誌，55: 189–197

Takenaka M, Shibata S, Ito T, Shimura N, Tojo K (2021) Phylogeography of the northernmost distributed *Anisocentropus* caddisflies and their comparative genetic structures based on habitat preferences. *Ecology and Evolution*, 11: 4957–4971

Takenaka M, Yano K, Suzuki T, Tojo K (2023) Development of novel PCR primer sets for DNA barcoding of aquatic insects, and the discovery of some cryptic species.

Limnology, 24: 121–136

Tanaka T, Ueda, R, Sato T (2023) Seasonal ecosystem linkages contribute to the maintenance of migratory polymorphism in a salmonid population. *Proceedings of the Royal Society B*, 290: 20230126

Uno H, Power ME (2015) Mainstem-tributary linkages by mayfly migration help sustain salmonids in a warming river network. *Ecology Letters*, 18: 1012–1020

Uno H, Fukushima K, Kawamura M, Kurasawa A, Sato T (2022) Direct and indirect effects of amphidromous shrimps on nutrient mineralization in streams in Japan. *Oecologia*: 1–13

Vannote RL, Minshall GW, Cummins KW, Sedell JR, Cushing CE (1980) The river continuum concept. *Canadian Journal of Fisheries and Aquatic Sciences*, 37: 130–137

若井郁次郎（2014）消えゆく球磨川・荒瀬ダム 川の流れ再生の予兆．水資源・環境研究，27: 51–56

張裕平，長谷川和義，志田祐一郎（2010）渓流のステップ・プールにおける底生無脊椎動物の生息場類型としての水理学的流れ区分．応用生態工学，13: 1–7

第 5 章

後藤直成，萱場祐一，野崎健太郎（2019）河川生物群集のエネルギー源，付着藻類．（井上幹生，中村太士 編）河川生態系の調査・分析方法，173–182．講談社，東京

国土交通省ホームページ．河川水質試験方法（案）（平成 21 年 3 月 国土交通省水質連絡会）．https://www.mlit.go.jp/river/shishin_guideline/kasen/suishitsu/houhou.html，2023 年 11 月 6 日確認

沖野外輝夫，河川生態学術研究会千曲川研究グループ（2006）洪水がつくる川の自然：千曲川河川生態学術研究から．信濃毎日新聞社，長野

西條八束，三田村緒佐武（2000）新編湖沼調査法．講談社，東京

竹門康弘，山本佳奈，池淵周一（2006）河川下流域における懸濁態有機物の流程変化と砂州環境の関係．京都大学防災研究所年報，49: 677–690

Wotton RS (1994) The Biology of Particles in Aquatic System, 2nd Edition. Lewis Publishers, CRC Press, UK

第 6 章

Anderson CB, Rosemond AD (2007) Ecosystem engineering by invasive exotic beavers reduces in-stream diversity and enhances ecosystem function in Cape Horn, Chile. *Oecologia*, 154: 141–153

Bogan MT, Boersma KS, Lytle DA (2015) Resistance and resilience of invertebrate communities to seasonal supraseasonal drought in arid-land headwater streams. *Freshwater Biology*, 60: 2547–2558

Bogan MT, Lytle DA (2011) Severe drought drives novel community trajectories in desert stream pools. *Freshwater Biology*, 56: 2070–2081

Boulton AJ, Spangaro GM, Lake PS (1988) Macroinvertebrate distribution and recolonization on stones subjected to varying degrees of disturbance: An experimental approach. *Archiv für Hydrobiologie*, 113: 551–576

Connell JH (1978) Diversity in tropical rain forests and coral reefs. *Science*, 199: 1302–1310

Fisher SG, Gray LJ, Grimm NB, Busch DE (1982) Temporal succession in a desert stream ecosystem following flash flooding. *Ecological Monograph*, 52: 93–110

Flecker AS, Feifarek B (1994) Disturbance and the temporal variability of invertebrate assemblage in two Andean streams. *Freshwater Biology*, 31: 131–142

Flecker AS, Taylor BW (2004) Tropical fishes as biological bulldozers: Density effects on resource heterogeneity and species diversity. *Ecology*, 85: 2267–2278

Giller PS, Sangpradub N, Twomey H (1991) Catastrophic flooding and macroinvertebrate community structure. *Verhandlungen der Internationalen Vereinigung für Theoretische und Angewandte Limnologie*, 24: 1724–1729

Haghkerdar JM, McLachlan JR, Ireland A, Greig HS (2019) Repeat disturbance have cumulative impacts on stream communities. *Ecology and Evolution*, 9: 2898–2906

Jones CG, Lawton JH, Shachak M (1994) Organisms as ecosystem engineers. *Oikos*, 69: 373–386

Lorencová E, Horsák M (2019) Environmental drivers of mollusc assemblage diversity in a system of lowland lentic habitats. *Hidrobiologia*, 836: 49–64

Matthaei C, Uehlinger URS, Frutiger A (1997) Response of benthic invertebrates to natural versus experimental disturbance in a Swiss prealpine river. *Freshwater Biology*, 37: 61–77

Nakano D, Yamamoto M, Okino T (2005) Ecosystem engineering by larvae of netspinning stream caddisflies creates a habitat on the upper surface of stones for mayfly nymphs with a low resistance to flows. *Freshwater Biology*, 50: 1492–1498

Peckarsky BL (1983) Biotic interactions or abiotic limitations? A model of lotic community structure. In: Fontaine TI, Bartell S (eds), Dynamics of Lotic Ecosystems, 303–323, Ann Arbor Science, New York

Rempel LL, Richardson JS, Healey MC (1999) Disturbance regimes, resilience, and recovery of animal communities and habitats in lotic ecosystems. *Environmental Management*, 14: 647–659

Richter DR, Baumgartner JV, Powell J, Braun DP (1996) A method for assessing hydrologic alternation within ecosystems. *Conservation Biology* 10: 1163–1174

崎尾均，松澤可奈子（2016）大規模河川撹乱における河畔林の流木捕捉機能．日本緑化工学会誌．41: 391–397

Schwartz JS, Herrics EE (2005) Fish use of stage-specific fluvial habitats as refuge patches during a flood in a low-gradient Illinois stream. *Canadian Journal of Fisheries and Aquatic Sciences*, 62: 1540–1552

Snyder CD, Johnson ZB (2006) Macroinvertebrate assemblage recovery following a catastrophic flood and debris flows in an Appalachian mountain stream. *Journal of the North American Benthological Society*, 25: 825–840

谷田一三, 竹門康弘 (1999) ダムが河川の底生動物に与える影響. 応用生態工学, 2: 153–164

Tockner K, Stanford JA (2002) Riverine flood plains: Present state and future trends. *Environmental Conservation* 29: 308–330

津田松苗 (1964) 川の瀬における水生昆虫の遷移. 生理生態刊行会, 12: 243–251

Uno H, Yokoi M, Fukushima K, Kanno Y, Kishida O, Mamiya W, Sakai R, Utsumi S (2022) Spatially cariable hydrological and biological processes shape diverse postflood aquatic communities. *Freshwater Biology*, 67: 549–563

Vincenzi S, Mangel M, Jesensek D, Garza JC, Crivelli AJ (2017) Genetic and life-history consequences of extreme climate events. *Proceedings of the Royal Society B*, 284: 20162118

Walters AW, Post DM (2011) How long can you go? Impacts of a low-flow disturbance on aquatic insect communities. *Ecological Applications*, 21: 163–174

Wilner SN, Levermann A, Zhao F, Frieler K (2018) Adaptation required to preserve future high-end river flood risk at present levels. *Science Advances*, 4: eaao1914

第7章

Allan JD, Castillo MM, Capps KA (2021) Stream Ecology: Structure and Function of Running Waters. 3rd Edition. Springer, Switzerland

Dahl J, Peckarsky BL (2003) Developmental responses to predation risk in morphologically defended mayflies. *Oecologia* 137: 188–194

Dudley TL, D'Antonio CM, Cooper SD (1990) Mechanisms and consequences of interspecific competition between two stream insects. *The Journal of Animal Ecology*, 59: 849–866

Flecker AS, Taylor BW, Bernhardt ES, Hood JM, Cornwell WK, Cassatt SR, Vanni MJ, Altman NS (2002) Interactions between herbivorous fishes and limiting nutrients in a tropical stream ecosystem. *Ecology*, 83: 1831–1844

Hill WR (1992) Food limitation and interspecific competition in snail-dominated streams. *Canadian Journal of Fisheries and Aquatic Sciences*, 49: 1257–1267

Hill WR, Weber SC, Stewart AJ (1992) Food limitation of two lotic grazers: Quantity, quality, and size-specificity. *Journal of the North American Benthological Society*, 11: 420–432

Hillebrand H, Frost P, Liess A (2008) Ecological stoichiometry of indirect grazer effects on periphyton nutrient content. *Oecologia*, 155: 619–630

Kats LB, Dill LM (1998) The scent of death: Chemosensory assessment of predation risk by prey animals. *Ecoscience*, 5: 361–394

Landeira-Dabarca A, Álvarez M, Peckarsky B (2019) Mayflies avoid sweets: Fish skin mucus amino sugars stimulate predator avoidance behaviour of *Baetis* larvae. *Animal Behaviour*, 158: 35–45

Liess A, Hillebrand H (2004) Invited review: Direct and indirect effects in herbivore-periphyton interactions. *Archiv für Hydrobiologie*, 159: 433–454

McIntosh AR, Peckarsky BL, Taylor BW (2002) The influence of predatory fish on mayfly drift: Extrapolating from experiments to nature. *Freshwater Biology*, 47: 1497–1513

Okamoto S, Saito T, Tojo K (2022) Geographical fine-scaled distributional differentiation caused by niche differentiation in three closely related mayflies. *Limnology*, 23: 89–101

Osborne LL, Herricks EE (1987) Microhabitat characteristics of *Hydropsyche* (Trichoptera: Hydropsychidae) and the importance of body size. *Journal of the North American Benthological Society*, 6: 115–124

Peckarsky BL, McIntosh AR, Taylor BW, Dahl J (2002) Predator chemicals induce changes in mayfly life history traits: A whole-stream manipulation. *Ecology*, 83: 612–618

Power ME (1984) Habitat quality and the distribution of algae-grazing catfish in a Panamanian stream. *The Journal of Animal Ecology*, 53: 357–374

Preisser EL, Bolnick DI, Benard MF (2005) Scared to death? The effects of intimidation and consumption in predator-prey interactions. *Ecology*, 86: 501–509

Schoener TW (1974) Resource partitioning in ecological communities. *Science*, 185: 27–39

柴谷篤弘, 谷田一三 (1989) 日本の水生昆虫：種分化とすみわけをめぐって. 東海大学出版会, 神奈川

Steinman AD (1996) Effects of grazers on benthic freshwater algae. In: Stevenson RJ, Bothwell ML, Lowe RL (eds) Algal Ecology, 341–373. Academic Press, San Diego

Ueshima E, Yusa Y (2015) Antipredator behaviour in response to single or combined predator cues in the apple snail *Pomacea canaliculata*. *Journal of Molluscan Studies* 81: 51–57

Vadeboncoeur Y, Power ME (2017) Attached algae: the cryptic base of inverted trophic pyramids in freshwaters. *Annual Review of Ecology, Evolution, and Systematics*, 48: 255–279

Vodrážková M, Šetlíková I, Berec M (2020) Chemical cues of an invasive turtle reduce development time and size at metamorphosis in the common frog. *Scientific Reports*, 10: 1–6

Woodward G, Hildrew AG (2002) The impact of a sit-and-wait predator: Separating consumption and prey emigration. *Oikos*, 99: 409–418

Yeung AC, Dudgeon D (2013) A manipulative study of macroinvertebrate grazers in Hong Kong streams: Do snails compete with insects? *Freshwater Biology*, 58: 2299–2309

第8章

Cottenie K, Michels E, Nuytten N, De Meester L (2003) Zooplankton metacommunity structure: Regional vs. local processes in highly interconnected ponds. *Ecology*, 84: 991–1000

Doi H, Katano I, Sakata Y, Souma R, Kosuge T, Nagano M, Ikeda K, Yano K, Tojo K (2017) Detection of an endangered aquatic heteropteran using environmental DNA in a wetland ecosystem. *Proceedings of the Royal Society Open Science*, 4: 170568

Ficetola GF, Miaud C, Pompanon F, Taberlet P (2008) Species detection using environmental DNA from water samples. *Biology Letters*, 4: 423–425

Finn DS, Blouin MS, Lytle DA (2007) Population genetic structure reveals terrestrial affinities for a headwater stream insect. *Freshwater Biology*, 52: 1881–1897

Hughes JM, Schmidt DJ, Finn DS (2009) Genes in streams: Using DNA to understand the movement of freshwater fauna and their riverine habitat. *BioScience*, 59: 573–583

井上幹生，中村太士（編）(2019) 河川生態系の調査・分析方法．講談社，東京

川那部浩哉，水野信彦（監修），中村太士（編）(2013) 河川生態学．講談社，東京

Komai T, Gotoh RO, Sado T (2019) Development of a new set of PCR primers for eDNA metabarcoding decapod crustaceans. *Metabarcoding and Metagenomics*, 3: 1–19

黒川マリア，片野修，東城幸治，北野聡 (2009) 小河川におけるワンド・タマリの環境要因と水生無脊椎動物の分布．陸水学雑誌，70: 67–85

Leese F, Sander M, Buchner D, Elbrecht V, Haase P, Zizka VMA (2021) Improved freshwater macroinvertebrate detection from environmental DNA through minimized nontarget amplification. *Environmental DNA*, 3: 261–276

Meffe GK, Vrijenhoek RC (1988) Conservation genetics in the management of desert fishes. *Conservation Biology*, 2: 157–169

源利文 (2022) 環境 DNA 入門：ただよう遺伝子は何を語るか．岩波書店，東京

Minamoto T, Yamanaka H, Takahara T, Honjo M (2012) Surveillance of fish species composition using environmental DNA. *Limnology*, 13: 193–197

Miya M, Sato Y, Fukunaga T, Sado T, Poulsen JY, Sato K, Minamoto T, Yamamoto S, Yamanaka H, Araki H, Kondoh M, Iwasaki W (2015) MiFish, a set of universal PCR primers for metabarcoding environmental DNA from fishes: Detection of more than 230 subtropical marine species. *Proceedings of the Royal Society Open Science*, 2: 150088

Müller K (1982) The colonization cycle of freshwater insects. *Oecologia*, 52: 202–207

Nakajima S, Sueyoshi M, Hirota SK, Ishiyama N, Matsuo A, Suyama Y, Nakamura F (2021) A strategic sampling design revealed the local genetic structure of cold-water fluvial sculpin: A focus on groundwater-dependent water temperature heterogeneity. *Heredity*, 127: 413–422

Okamoto S, Saito T, Tojo K (2022) Geographical fine-scaled distributional differentiation caused by niche differentiation in three closely related mayflies. *Limnology*, 23: 89–101

Ruppert JLW, James PMA, Taylor EB, Rudolfsen T, Veillard M, Davis CS, Watkinson D, Poesch MS (2017) Riverscape genetic structure of a threatened and dispersal limited freshwater species, the Rocky Mountain Sculpin (*Cottus* sp.). *Conservation Genetics*, 18: 925–937

Sakata MK, Kawata MU, Kurabayashi A, Kurita T, Nakamura M, Shirako T, Kakehashi R, Nishikawa K, Hossman MY, Nishijima T, Kabamoto J, Miya M, Minamoto T (2022) Development and evaluation of PCR primers for environmental DNA (eDNA) metabarcoding of Amphibia. *Metabarcoding and Metagenomics*, 6: 15–26

Suzuki T, Yano K, Okamoto S, Ueki G, Fukakusa A, Ikeda M, Inoue G, Tagashira H, Yoshida T, Tojo K (2023) A major flood caused by a typhoon did not affect the population genetic structure of a river mayfly metapopulation. *Proceedings of the Royal Society B: Biological Science*, 290: 2030177

竹門康弘（2016）河川生態系における垂直方向の構造と生態系間のつながり. *River Front*, 83: 29–32

Takenaka M, Yano K, Suzuki T, Tojo K (2023) Development of novel PCR primer sets for DNA barcoding of aquatic insects, and the discovery of some cryptic species. *Limnology*, 24: 121–136

Tonkin JD, Altermatt F, Finn DS, Heino J, Olden JD, Pauls SU, Lytle DA (2018) The role of dispersal in river network metacommunities: Patterns, processes, and pathways. *Freshwater Biology*, 63: 141–163

Ushio M, Fukuda H, Inoue T, Makoto K, Kishida O, Sato K, Murata K, Nikaido M, Sado T, Sato Y, Takeshita M, Iwasaki W, Yamanaka H, Kondoh M, Miya M (2017) Environmental DNA enables detection of terrestrial mammals from forest pond water. *Molecular Ecology Resources*, 17: 63–75

Ushio M, Murata K, Sado T, Nishiumi I, Takeshita M, Iwasaki W, Miya M (2018) Demonstration of the potential of environmental DNA as a tool for the detection of avian species. *Scientific Reports*, 8: 1–10

第 9 章

五味高志（2007）上流と下流のつながり：上流管理の重要性. 河川, 729: 75–77

平林公男, 白井孝治（編）（2010）応用生物学入門. オーム社, 東京

Hirabayashi K, Wotton SR (1998) Organic matter processing by chironomid larvae. *Hydrobiolgia*, 382: 151–159

Vannote RL, Minshall GM, Cummins KW, Sidell JR, Cushing CE (1980) The river continuum concept. *Canadian Journal of Fisheries and Aquatic Sciences*, 37: 130–137

安田卓哉, 市川秀夫, 小倉紀雄（1989）裏高尾の山地渓流における有機物収支. 陸水学雑誌, 50: 227–234

第 10 章

粟谷敏信（1965）新河川法の発足に当たって．水利科学，9: 1–17

巌佐庸（2003）数理生態学．（巌佐庸，松本忠夫，菊沢喜八郎 編）生態学事典，300–301，共立出版，東京

Jørgensen SE, Fath BD (2011) Fundamentals of Ecological Modelling, Applications in Environmental Management and Research, 4th Edition. Elsevier, Amsterdam

国土交通省ホームページ a. https://www.mlit.go.jp/river/mizubousaivision/, 2023 年 4 月 13 日確認

国土交通省ホームページ b. https://www.mlit.go.jp/river/kasen/ryuiki_pro/index.html, 2023 年 4 月 13 日確認

古在豊樹・高倉直・仁科弘重（訳），ジョン・ジェファーズ（著）（1982）生態学のためのシステム分析入門．朝倉書店，東京

久保拓弥（2003）生態系モデル．（巌佐庸，松本忠夫，菊沢喜八郎 編）生態学事典，324–325，共立出版，東京

玉井信行（編）（2004）河川計画論：潜在自然概念の展開．東京大学出版会，東京

Tansley, AG (1935) The use and abuse of vegetational concepts and terms. *Ecology*, 16: 284–307

第 11 章

Buffagani A, Comin E (2000) Secondary production of benthic communities at the habitat scale as a tool to assess ecological integrity in mountain streams. *Hydrobiologia*, 422/423: 183–195

Dolbeth M, Cusson M, Sousa R, Pardal MA (2012) Secondary production as a tool for better understating of aquatic ecosystems. *Canadian Journal of Fisheries and Aquatic Sciences*, 69: 1230–1253

岩熊敏夫（1986）陸水における二次生産，特に底生動物の生産と富栄養化の関係について．日本生態学会誌，36: 169–187

川那部浩哉（1963）川の生物生産量と生産関係．陸水学会誌，24: 1–15

川那部浩哉（1970）川の生物の生産性．化学と生物，8: 103–108

萱場祐一（2014）千曲川中流域における基礎生産量の面的推定—モデル計算からのアプローチ．（河川生態学術研究会千曲川研究グループ編）千曲川の総合研究 III：千曲川中流域の試験的河道掘削と生物生産性に関する研究．4.8–4.14，リバーフロント整備センター，東京

Kubo T (1975) Running water communities. In: Mori S, Yamamoto G (eds), Productivity of Communities in Japanese Inland Waters. Japanese Committee for the International Biological Program, JIBP Synthesis 10, 410–416, University of Tokyo press, Tokyo

松本忠夫（1993）生態と環境．岩波書店，東京

沼田真（監修），水野信彦，御勢久右衛門（1993）河川の生態学（改訂版）．築地書館，東京

Mori S, Yamamoto G (1975) Productivity of communities in Japanese inland waters. Japanese Committee for the International Biological Program, JIBP Synthesis Vol. 10, University of Tokyo Press, Tokyo

Lieth H, Whittaker RH (1975) The Primary Production of the Biosphere. Springer, New York

沖野外耀夫（2001）物質収支．（河川生態学術研究会千曲川研究グループ 編）千曲川の総合研究：鼠橋地区を中心として，685–688，リバーフロント整備センター，東京

沖野外輝夫（2002）河川の生態学．共立出版，東京

津田松苗（1962）水生昆虫学．北隆館，東京

第 12 章

赤羽貞幸（監修），国土交通省北陸地方整備局千曲川河川事務所（2002）千曲川・犀川の地形と地質．北陸建設弘済会長野支所，長野

国土交通省水質水文データベース a. 生田流量観測所ヘッドページ，http://www1.river.go.jp/cgi-bin/SiteInfo.exe?ID=304031284416030，2023 年 10 月 30 日確認

国土交通省水質水文データベース b. 杭瀬下流量観測所ヘッドページ，http://www1.river.go.jp/cgi-bin/SiteInfo.exe?ID=304031284416080，2023 年 10 月 30 日確認

国土交通省ホームページ a. https://www.mlit.go.jp/river/bousai/timeline/，2023 年 4 月 29 日確認

国土交通省ホームページ b. https://www.cbr.mlit.go.jp/kawatomizu/tokai_nederland/TNT_timeline.html，2023 年 4 月 29 日確認

国土交通省ホームページ c. https://www.cbr.mlit.go.jp/numazu/bousai/gensaikyougikai/pdf/r040318_shiryo03.pdf，2023 年 4 月 29 日確認

第 13 章

Allen KR (1951) The Holokiwi Stream. *New Zealand Marine Department of Fisheries Bulletin*, 10

Azam F (1998) Microbial control of oceanic carbon flux: The plot thickens. *Science*, 280: 694–696

Battin TJ, Kaplan LA, Newbold JD, Cheng X, Hansen C (2003) Effects of current velocity on the nascent architecture of stream microbial biofilms. *Applied and Environmental Microbiology*, 69: 5443–5452

Bonomi G (1962) La dinamica produttiva delle principali populazioni macrobentoniche del Lago di Varese. *Memorie dell'Istituto Italiano di Idrobiologia*, 15: 207–254

Carr GM, Morin A, Chambers PA (2005) Bacteria and algae in stream periphyton along a nutrient gradient. *Freshwater Biology*, 50: 1337–1350

傳田正利，山下慎吾，尾澤卓思，島谷幸宏（2002）ワンドと魚類群集：ワンドの魚類群集を特徴づける現象の考察．日本生態学会誌，52: 287–294

Downing JA, Rigler FH (1971) A manual on methods for the assessment of secondary productivity in fresh waters, 2nd Edition. Blackwell Scientific Publication, Oxford

Edwards RT, Meyer JL, Findlay SE (1990) The relative contribution of benthic and suspended bacteria to system biomass, production, and metabolism in a low-gradient blackwater river. *Journal of the North American Benthological Society*, 9: 216–228

Freeman C, Lock MA (1995) The biofilm polysaccharide matrix: A buffer against changing organic substrate supply? *Limnology and Oceanography*, 40: 273–278

Gaines WL, Cushing CE, Smith SD (1992) Secondary production estimates of benthic insects in three cord desert streams. *Great Basin Naturalist*, 52: 11–24

Gose K (1975) Productivity of the Yoshino River, Nara. Secondary production. In: Mori S, Yamamoto G (eds), JIBP Synthesis 10, 350–365, University of Tokyo Press, Tokyo

御勢久右衛門 (1977) ヒゲナガカワトビケラの生活史と令期分析. 陸水学雑誌, 31: 96–106

後藤直成, 萱場祐一, 野崎健太郎 (2019) 河川生物群集のエネルギー源, 付着藻類. (井上幹生, 中村太士 編) 河川生態系の調査・分析方法, 173–206, 講談社, 東京

Gurung A, Iwata T, Nakano D, Urabe J (2019) River metabolism along a latitudinal gradient across japan and in a global scale. *Scientific Reports*, 9: 4932–4941

Gusyev M, Hasegawa A, Magome J, Sanchez P, Sugiura A, Umino H, Sawano H, Tokunaga Y (2016) Evaluation of water cycle components with standardized indices under climate change in the Pampanga, Solo and Chao Phraya basins. *Journal of Disaster Research*, 11: 1091–1102

Gusyev MA, Morgenstern U, Nishihara T, Hayashi T, Akata N, Ichiyanagi K, Sugimoto A, Hasegawa A, Stewart MK (2019) Evaluating anthropogenic and environmental tritium effects using precipitation and Hokkaido snowpack at selected coastal locations in Asia. *Science of the Total Environment*, 659: 1307–1321

Hall RO (1995) Use of a stable carbon isotope addition to trace bacterial carbon through a stream food web. *Journal of the North American Benthological Society*, 14: 269–277

Harrison LR, Keller EA (2007) Modeling forced pool–riffle hydraulics in a boulder-bed stream, southern California. *Geomorphology*, 83: 232–248

Hirabayashi K, Ohtsuka K, Namba H, Okada S, Choi S (2019) Seasonal trends of density, biomass, and secondary production of *Antocha* sp. (Diptera: Tipulidae) in relation to the summer floods in the middle reaches of the Shinano River. *Japanese Journal of Environmental Entomology and Zoology*, 30: 9–14

Hynes HBN, Coleman MJ (1968) A simple method of assessing the annual production of stream benthos. *Limnology and Oceanography*, 569–573

IAEA, GNIP のホームページ. https://www.iaea.org/services/networks/gnip

伊藤弘之, Gusyev M (2020) トリチウムを用いた地下水と河川水の定量化による渇水モニタリング手法の開発. 土木研究所成果報告書, 2019, No.2–1

岩熊敏夫 (1986) 陸水における二次生産, 特に底生動物の生産と富栄養化の関係について. 日本生態学会誌, 36: 69–187

岩田智也 (2012) 河川の炭素循環. (日本生態学会 編) 淡水生態学のフロンティア, 108–121,

共立出版，東京

Johnson MG, Brinkhurst RO (1971) Production of benthic macroinvertebrates of Bay of Quinte and Lake Ontario. *Journal of the Fisheries Research Board of Canada*, 28: 1699–1714

Jowett IG (1993) A method for objectively identifying pool, run, and riffle habitats from physical measurements. *New Zealand Journal of Marine and Freshwater Research*, 27: 241–248

Kamjunke N, Herzsprung P, Neu TR (2015) Quality of dissolved organic matter affects planktonic but not biofilm bacterial production in streams. *Science of the Total Environment*, 506–507: 353–360

Kamjunke N, Spohn U, Füting M, Wagner G, Scharf E-M, Sandrock S, Zippel B (2012) Use of confocal laser scanning microscopy for biofilm investigation on paints under field conditions. *International Biodeterioration & Biodegradation*, 69: 17–22

Kasahara S, Katoh K (2008) Food-niche differentiation in sympatric species of kingfishers, the common kingfisher *Alcedo atthis* and the Greater Pied Kingfisher *Ceryle luqubris*. *Ornithological Science*, 7, 123–134

河川生態学術研究会千曲川研究グループ（2014）千曲川の総合研究 III：千曲川中流域の試験的河道掘削と生物生産性に関する研究．リバーフロント整備センター，東京

粕谷英一（2012）一般化線形モデル．共立出版，東京

片野修（2014）河川中流域の魚類生態学．学報社，東京

Katano O, Aonuma Y, Nakamura T, Yamamoto S (2003) Indirect contramensalism through trophic cascades between two omnivorous fishes. *Ecology*, 84: 1311–1323

Katano O, Nakamura T, Yamamoto S (2006) Intraguild indirect effects through trophic cascades between stream-dwelling fishes. *Journal of Animal Ecology*, 75: 167–75

川合禎次，谷田一三（2005）日本産水生昆虫：科・属・種への検索．東海大学出版，東京

川那部浩哉（1970）川の生物の生産性．化学と生物，8: 103–108

川那部浩哉，水野信彦（監修），中村太士（編）（2013）河川生態学．講談社，東京

北澤大輔（2014）水域水循環・生態系結合モデルとその活用事例，水環境学会誌，37，248–252

国土交通省（2021）令和 3 年度 国土交通省河川砂防技術研究開発公募 地域課題分野（河川生態）研究開発テーマの事後評価結果報告書．https://www.mlit.go.jp/river/gijutsu/tiiki_kasenseitai/theme.html，2023 年 11 月 22 日確認

Langton PH, Pinder LCV (2007) Keys to the adult mail Chironomidae of Britain and Ireland, Vol.1, 2. Freshwater Biological Association, London

Lau YL, Liu D (1993) Effect of flow rate on biofilm accumulation in open channels. *Water Research*, 27: 355–360

McNeill S, Lawton JH (1970) Annual production and respiration in animal populations. *Nature*, 225: 472–474

Meyer EI, Poepperl R (2003) Secondary production of invertebrates in a Central European mountain stream (Steina, Black Forest, Germany). *Archiv für Hydrobiology*, 158: 25–42

宮本光基，山崎将史，豊田政史（2015）千曲川中流域における ADCP を用いた流れ場観測．
　　日本陸水学会甲信越支部会報，41: O–04

永山滋也，原田守啓，萱場祐一（2015）河川地形と生息場の分類～河川管理への活用に向け
　　て～．応用生態工学，18: 19–33

中村浩志，吉田利男（2001）水生昆虫と鳥類．（河川生態学術研究会千曲川研究グループ 編）
　　千曲川の総合研究：鼠橋地区を中心として，480–489，リバーフロント整備センター，東京

中村浩志，長田健（2001）魚類と鳥類．（河川生態学術研究会千曲川研究グループ 編）千曲川
　　の総合研究：鼠橋地区を中心として，490–501．リバーフロント整備センター，東京

岡田俊典，平林公男（2020）千曲川中流域の瀬における羽化トラップの捕獲面積が水生昆虫
　　類の捕獲個体数に及ぼす影響．環境動物昆虫学会誌，31: 87–94

沖野外輝夫（2001）物質収支．（河川生態学術研究会千曲川研究グループ 編）千曲川の総合研
　　究：鼠橋地区を中心として，685–688，リバーフロント整備センター，東京

沖野外輝夫（2002）河川の生態学．共立出版，東京

沖野外輝夫，河川生態学術研究会千曲川研究グループ（2006）洪水がつくる川の自然：千曲
　　川河川生態学術研究から．信濃毎日新聞社，長野

Pert EJ, Orth DJ, Sabo MJ (2002) Lotic-dwelling age-0 smallmouth bass as both
　　resource specialists and generalists: reconciling disparate literature reports. In:
　　Philipp DP, Ridgway MS (eds), Black Bass Ecology, Conservation and Manage-
　　ment, 185–190. American Fisheries Society, Bethesda

Peterson MI, Kitano S (2021) Habitat dependent predation-competition interaction
　　shifts of invasive smallmouth bass (*Micropterus dolomieu*) and resident cyprinids
　　in the Chikuma River, Nagano Japan. *Environmental Biology of Fishes*, 104: 1–15

Speir JA, Anderson NH (1974) Use of emergence data for estimating annual production
　　of aquatic insects. *Limnology and Oceanography*, 19: 154–156

豊田政史（2007）浅い山地湖沼における大気–水–物質循環に関する研究．京都大学博士論文，
　　88–102

Tsuchiya K, Kohzu A, Kuwahara VS, Matsuzaki Si S, Denda M, Hirabayashi K (2021)
　　Differences in regulation of planktonic and epilithic biofilm bacterial production in
　　the middle reaches of a temperate river. *Aquatic Microbial Ecology*, 87: 47–60

津田松苗（1962）水生昆虫学．北隆館，東京

Tsuda M (1975) Productivity of the Yoshino River, Nara. *JIBP Synthesis*, 10: 350–365

Waters TF (1969) The turnover ratio in population ecology of freshwater invertebrates.
　　American Naturalist, 103: 183–185

Waters TF (1977) Secondary production in Inland Waters. *Advances in Ecological Re-
　　search*, 10: 91–164

Westhorpe DP, Mitrovic SM, Ryan D, Kobayashi T (2010) Limitation of lowland river-
　　rine bacterioplankton by dissolved organic carbon and inorganic nutrients. *Hydro-
　　biologia*, 652: 101–117

Winberg GG, Patalas K, Wright JC, Hillbricht-Ilkowska A, Cooper WE, Mann KH
　　(1971) Methods for calculating productivity. In: A Manual on Methods for the

Assessment of Secondary Productivity in Fresh Waters. (eds) Edomondson WT, Winberg GG), 296–317. IBP Handbook 17. Blackwell, Oxford

山本遼哉, 山下拓朗, 豊田政史（2017）千曲川中流域の淵を対象とした流況・地形観測と物質輸送シミュレーション ～常田地区と岩野地区の比較～. 日本陸水学会甲信越支部会報, 43: O–5

山本遼哉, 山下拓朗, 豊田政史（2018）数値解析を用いた千曲川中流域の淵における流れ場が物質輸送特性に及ぼす影響. 日本陸水学会甲信越支部会報, 44: O–10

Zelinka M (1984) Production of several species of Mayfly Larvae. *Limnologica*, 15: 21–41

第 14 章

天野邦彦, 望月貴文（2011）河川水辺の国勢調査結果を利用した魚類および底生動物の水温・水質への依存性評価. 河川技術論文集, 17: 513–518

Han M, Fukushima M, Kameyama S, Fukushima T, Matsushita B (2008) How do dams affect freshwater fish distributions in Japan? Statistical analysis of native and non-native species with various life histories. *Ecological Research*, 23: 725–743

Itsukushima R (2019) Study of aquatic ecological regions using fish fauna and geographic archipelago factors. *Ecological Indicators*, 96: 69–80

小林草平, 赤松史一, 中西哲, 矢島良紀, 三輪準二, 天野邦彦（2013）河川水辺の国勢調査から見た日本の河川底生動物群集：全現存量と主要分類群の空間分布. 陸水学雑誌, 74: 129–152

森照貴, 川口究, 早坂裕幸, 樋村正雄, 中島淳, 中村圭吾, 萱場祐一（2022）過去 40 年間で見られなくなった淡水魚はいるのか：河川中下流域における緑の国勢調査と河川水辺の国勢調査を用いた比較. 応用生態工学, 24: 173–190

Ogitani M, Sekiné K, Tojo K (2011) Habitat segregation and genetic relationship of two heptageniid mayflies, *Epeorus latifolium* and *Epeorus l-nigrus*, in the Shinano-gawa River basin. *Limnology*, 12: 117–125

Okamoto S, Tojo K (2021) Distribution patterns and niche segregation of three closely related Japanese ephemerid mayflies: A re-examination of each species' habitat from "megadata" held in the "National Census on River Environments". *Limnology*, 22: 277–287

Okamoto S, Takenaka M, Tojo K (2022) Seasonal modifications of longitudinal distribution patterns within a stream: Interspecific interactions in the niche overlap zones of two *Ephemera* mayflies. *Ecology and Evolution*, 12: e8766

Otofuji Y, Matsuda T, Nohda S (1985) Opening mode of the Japan Sea inferred from paleomagnetism of the Japan arc. *Nature*, 317: 603–604

末吉正尚, 赤坂卓美, 森照貴, 石山信雄, 川本朋慶, 竹川有哉, 井上幹生, 三橋弘宗, 河口洋一, 鬼倉徳雄, 三宅洋, 片野泉, 中村太士（2016）河川水辺の国勢調査を保全に活かす—データがもつ課題と研究例. 保全生態学研究, 21: 167–180

Suyama Y, Matsuki Y (2015) MIG-seq: An effective PCR-based method for genome-wide single-nucleotide polymorphism genotyping using the next-generation sequencing platform. *Scientific Reports*, 5: 16963

Suzuki T, Hirao AS, Takenaka M, Yano K, Tojo K (2020) Development of microsatellite markers for a giant water bug, *Appasus japonicus*, distributed in East Asia. *Genes & Genetic Systems*, 95: 323–329

Suzuki T, Kuhara N, Tojo K (2022) Phylogeography of *Kisaura* Ross (Trichoptera: Philopotamidae) of the Japanese Archipelago and the character displacement evolution observed in a secondary contact area between genetically differentiated intra-specific lineages. *Zoological Journal of the Linnean Society*, 197: 176–188

Suzuki T, Yano K, Ohba S, Kawano K, Sekiné K, Bae YJ, Tojo K (2021) Genome-wide molecular phylogenetic analyses and mating experiments which reveal the evolutionary history and an intermediate stage of speciation of a giant water bug. *Molecular Ecology*, 30: 5179–5195

Takenaka M, Shibata S, Ito T, Shimura N, Tojo K (2021) Phylogeography of the northernmost distributed *Anisocentropus* caddisflies and their comparative genetic structures based on habitat preferences. *Ecology and Evolution*, 11: 4957–4971

Tojo K, Miyairi K, Kato Y, Sakano A, Suzuki T (2021) A description of the second species of the genus *Bleptus* Eaton, 1885 (Ephemeroptera: Heptageniidae) from Japan, and phylogenetic relationships of two *Bleptus* mayflies inferred from mitochondrial and nuclear gene sequences. *Zootaxa*, 4974: 333360

Tojo K, Sekiné K, Takenaka M, Isaka Y, Komaki S, Suzuki T, Schoville SD (2017) Species diversity of insects in Japan: Their origins and diversification processes. *Entomological Science*, 20: 357–381

Tomita K, Suzuki T, Yano K, Tojo K (2020) Community structure of aquatic insects adapted to lentic water environments, and fine-scale analyses of local population structures and the genetic structures of an endangered giant water bug *Appasus japonicus*. *Insects*, 11: 389

Yaegashi S, Watanabe K, Monaghan MT, Omura T (2014) Fine-scale dispersal in a stream caddisfly inferred from spatial autocorrelation of microsatellite markers. *Freshwater Science*, 33: 172–180

第 15 章

Jørgensen SE, Fath BD (2011) Fundamentals of Ecological Modelling: Applications in Environmental Management and Research, 4th Edition. Elsevier, Amsterdam

楠田哲也，巌佐庸（編）（2002）生態系とシミュレーション．朝倉書店，東京

Schramski JR, Gattie DK, Patten BC, Borrett SR, Fath BD, Whipple SJ (2007) Indirect effects and distributed control in ecosystems: Distributed control in the environ networks of a seven-compartment model of nitrogen flow in the neuse river estuary,

USA—Time series analysis. *Ecological Modelling*, 206: 18–30

Wang H, Meselhe EA, Waldon MG, Harwell MC, Chen C (2012). Compartment-based hydrodynamics and water quality modeling of a northern everglades wetland, florida, USA. *Ecological Modelling*, 247: 273–285

索 引

編者紹介

平林公男（ひらばやし　きみお）
1991 年　信州大学大学院医学研究科社会医学系衛生学専攻博士課程修了
現　在　信州大学繊維学部応用生物学系教授，医学博士
専　門　陸水生態学，衛生動物学
主　著　「衛生動物の事典」（編著，朝倉書店，2020）
　　　　「図説日本のユスリカ」（分担執筆，文一総合出版，2010）
　　　　「応用生物学入門」（編著，オーム社，2010）
　　　　「ユスリカの世界」（編著，培風館，2001）他

東城幸治（とうじょう　こうじ）
1999 年　筑波大学大学院生物科学研究科生物学専攻博士課程修了
現　在　信州大学理学部生物学コース教授，博士（理学）
専　門　系統分類学，進化生物学
主　著　「山岳科学」（分担執筆，古今書院，2020）
　　　　「河川生態系の調査・分析方法」（分担執筆，講談社，2019）
　　　　「Species Diversity of Animals in Japan」（分担執筆，Springer，2016）
　　　　「遺伝子から解き明かす昆虫の不思議な世界」（分担執筆，悠書館，2015）他

河川生態学入門
—基礎から生物生産まで—

An Introduction to
River Ecology

2024 年 1 月 15 日　初版 1 刷発行
2024 年 9 月 10 日　初版 2 刷発行

編　者　平林公男・東城幸治 © 2024

発行者　南條光章

発行所　共立出版株式会社
郵便番号 112-0006
東京都文京区小日向 4-6-19
電話　03-3947-2511（代表）
振替口座 00110-2-57035
URL www.kyoritsu-pub.co.jp

印　刷　藤原印刷

製　本　協栄製本

一般社団法人
自然科学書協会
会員

検印廃止
NDC 468, 452.94, 517

ISBN 978-4-320-05841-5　Printed in Japan

環境DNA

生態系の真の姿を読み解く

一般社団法人 環境DNA学会 企画
土居秀幸・近藤倫生 編

\ **環境DNAを体系的に取りまとめた** /
日本初の書籍！

環境中に存在するDNAを調べることで、生物の分布情報を得ようとする「環境DNA技術」と呼ばれる分析手法が近年急速に発展している。環境DNA学会を牽引する第一人者を執筆者に、一般的な環境DNA技術と多数の応用事例について詳しく解説する。

A5判・300頁・定価3960円(税込)ISBN978-4-320-05816-3

目 次

www.kyoritsu-pub.co.jp　　共立出版　（価格は変更される場合がございます）